(개정판)
식품·의료제품 등 위해정보 관리 매뉴얼

식품의약품안전처

이 지침서는 '식품·의료제품 등 위해정보 관리 매뉴얼'의 세부 지침을 정한 것으로서 식약처 관련 부서 담당 직원의 업무처리를 위한 것입니다.

본 지침서는 대외적으로 법적 효력을 가지는 것이 아니므로 본문의 기술방식 ('~하여야 한다' 등)에도 불구하고 참고로만 활용하시기 바랍니다. 또한, 본 지침서는 2023년 12월 28일 현재 유효한 법규를 토대로 작성되었으므로 이후 최신 개정 법규 내용 등에 따라 달리 적용될 수 있음을 알려드립니다.

※ "공무원 지침서"란 내부적으로 행정사무의 통일을 기하기 위하여 내부적으로 행정사무의 세부기준이나 절차를 제시하는 것임(식품의약품안전처 지침서등의 관리에 관한 규정 제2조)

※ 본 지침서에 대한 의견이나 문의사항이 있을 경우 식품의약품안전처 소비자위해예방국 위해정보과에 문의하시기 바랍니다.
   전화번호: 043-719-1777
   팩스번호: 043-719-1750

목 차

I. 해외 위해정보

1. 위해정보 관리 업무개요 ·········· 1
    1.1. 매뉴얼의 목적 ·········· 1
    1.2. 위해정보 관리의 의의 ·········· 1
    1.3. 관리규정 및 지침 ·········· 1
    1.4. 위해정보 관리 프로세스 ·········· 2

2. 위해정보 수집 ·········· 3
    2.1. 위해정보 수집원칙 ·········· 3
    2.2. 정보수집 출처 및 검색어 ·········· 3
    2.3. 정보수집원 ·········· 5
    2.4. 휴일 위해정보 수집 ·········· 8

3. 위해정보 분석 ·········· 10
    3.1. 정보분석의 기본원칙 ·········· 10
    3.2. 사전 검토 착안사항 ·········· 10
    3.3. 분야별 정보분석 세부 착안사항 ·········· 12

4. 위해정보 분류 및 제공 ·········· 19
    4.1. 위해정보 분류 ·········· 19
    4.2. 위해정보 제공 ·········· 20

5. 위해정보 시스템 운영 및 사후관리 ·········· 24
    5.1. 시스템 운영 ·········· 24
    5.2. 사후관리 ·········· 25

목 차

Ⅱ. 국내 위해정보

1. 위해정보 관리 업무개요 ·· 26
    1.1. 매뉴얼의 목적 ·· 26
    1.2. 관련규정 및 지침 ··· 26
    1.3. 정보관리 프로세스 ··· 26

2. 위해정보 수집 ·· 27
    2.1. 접속 사이트 ··· 27
    2.2. 접속 방법 ·· 28
    2.3. 정보 검색 ·· 29
    2.4. 정보 수집 ·· 30

3. 위해정보 분석 ·· 31
    3.1. 정보 분석 시 확인사항 ··· 31
    3.2. 분야별 정보 확인사항 ·· 32

4. 위해정보 분류 및 제공 ·· 38
    4.1. 정보등급 분류 및 제공 ··· 38

5. 위해정보 관리 ·· 39
    5.1. 정보 활용결과 관리 ··· 39

목 차

Ⅲ. 별첨자료

별첨 1. 주요용어 정리 ·· 40

별첨 2. 식품·위생용품 온라인정보 검색사이트 ··············· 41

별첨 3. 의료제품 온라인정보 검색사이트 ····················· 46

별첨 4. 위생용품 온라인정보 검색사이트 ····················· 51

별첨 5. 식품 온라인정보 검색어 ································ 54

별첨 6. 의료제품 온라인정보 검색어 ·························· 58

별첨 7-1. 위생용품(일회용 컵 등) 온라인정보 검색어 ········ 61

별첨 7-2. 위생용품(화장지 등) 온라인정보 검색어 ············ 63

별첨 8. 식품·위생용품·의료제품 정보분석 체크리스트 ········ 64

별첨 9. 식품·위생용품·의료제품 위해정보의 유형별 분류 ···· 66

별첨 10. 식품 분야별 위해정보 판단흐름도 ··················· 68

별첨 11. 의약품·의료기기 분야별 위해정보 판단흐름도 ······ 71

Ⅰ 해외 위해정보

1 위해정보 관리 업무개요

1.1. 매뉴얼의 목적

○ 식품·위생용품·의료제품(의약품, 바이오, 생약, 화장품, 의료기기)으로 인한 위해요인의 사전예방과 피해 최소화를 위하여

- 해외 위해정보를 신속하게 수집·분석·공유하고, 사업부서 및 유관기관 등의 시의 적절한 조치를 지원하고자 함

1.2. 위해정보 관리의 의의

○ 이슈 가능성이 있는 위해요인의 조기 발견 가능

○ 사회적 관심과 그 변화 추세를 정확하고 손쉽게 파악 가능

○ 정보간의 연계성을 검토함으로써 종합적인 정보파악 가능

○ 특정 정보와 관련된 이해관계자들이 누구인지, 그들의 입장이나 견해가 무엇인지를 정확하고 폭넓게 파악 가능

○ 합리적이고 효율적인 정책마련을 위한 정보 수집 가능

○ 정책결정 이전에 체계적이고 다각적인 검토과정을 거쳐 정책의 실패나 불완전성을 사전에 예방

1.3. 관련규정 및 지침

○ 식품·의약품 등 안전사고 주요상황 대응매뉴얼

○ 해외정보리포터 운영에 관한 지침

1.4. 위해정보 관리 프로세스

단계	절 차	
수집	▶ 식품·위생용품(일회용 컵·숟가락·젓가락·빨대 등): 식품안전정보원(글로벌정보부) 29개국(국제기구, EU기구 제외), 202개 사이트, 40개 검색어(식품), 14개 검색어(위생용품) 한국어, 해외 8개 언어권(영어, 일어, 독어, 중국어, 불어, 스페인어, 태국어, 베트남어) ▶ 의료제품: 위해정보과 위해정보조사관 23개국(국제기구, EU기구 제외), 165개 사이트, 37개 검색어 해외 6개 언어권(영어, 일어, 독어, 중국어, 불어, 스페인어) ▶ 위생용품(화장지, 일회용 면봉, 일회용 기저귀, 일회용 팬티라이너) : 위해정보과 위해정보조사관 23개국(국제기구, EU기구 제외), 125개 사이트, 21개 검색어 ▶ 해외 위해정보 모니터링 시스템 해외 규제기관, 국제기구, 주요 언론에 대한 위해정보 수집	▶ INFOSAN(국제식품당국자 네트워크) INFOSAN 회원국 188개 회원국 ASIA INFOSAN 14개 아시아 국가 참여 ▶ 해외정보리포터 42개국 116명 해외거주 교포, 유학생, 해외지사 근무자 ▶ 식약관 미국/중국/베트남/일본 ▶ 국제기구 및 유럽 세계동물보건기구(WOAH), 세계보건기구(WHO), 국제식품규격위원회(CODEX), 국제암연구소(IARC), 국제소비자기구(CI), 유엔식량농업기구(FAO), 유럽식품사료신속경보시스템(RASFF), 유럽 비식품경보시스템(Safety Gate) ▶ 해외주재대사관 EU/영국/캐나다/러시아 등	
분석	▶ 일일정보분석 • 정보의 정확성 및 신뢰성 검토 • 국내 수입여부, 수입량, 유통량, 유통경로 • 국내·외 기준규격, 허가사항 비교 • 외국 동향 및 조치사항 • 정보이력 확인	▶ 위해등급분류 • 긴급정보 경보발령 및 긴급대응회의 조치가 필요한 정보 • 관심정보 관련부서의 조치 등이 필요할 것으로 판단된 정보 • 참고정보 관련 부처 및 부서의 업무수행에 참고(검토)가 될 것으로 판단되는 정보	

단계	절차		
	관련부서 및 부처	기업체	소비자
공유	• 인트라넷을 이용한 이메일 발송 • 온나라 행정포털(알림)공지 • 긴급정보는 처·차장 및 해당 국장 보고(SNS, 유선) • 관련 정부 부처 기관 및 17개 시·도 등 공유	• 수출제품 부적합 현황 • 외국 법령 정보 • 기준규격, 허가사항 제·개정 현황 • 검사방법의 신속 공유 • 식품 등 수출지원 정보방 운영	• 식약처 홈페이지를 통한 해외 직구주의정보 및 해외여행객 주의정보 제공 • 공항 전광판을 통한 국외위해 식품정보제공

단계	절 차	
조치	▶ 식품·위생용품 수입금지/기준·규격 제정/수입검사 강화/선행조사/유통보류 및 유통 식품검사 등(관리 관련부서)	▶ 의료제품 허가변경/회수/감시/안전성 서한 배포 등 (관리 관련부서)	
사후 관리	▶ 수집정보의 데이터베이스화 • 행정포털 상의 통합식품안전정보망 중 「위해정보관리시스템」에 일일 수집정보 일괄 등록	▶ 조치정보 이력관리 • 정기적인 조치 결과보고 • 정보관련 국내외동향 수시확인 • 위해정보 이력관리	▶ 정보모니터링 • 정보 수요조사(1회/년) 및 공유자 주기적 업데이트(수시)

2. 위해정보 수집

2.1. 위해정보 수집원칙

가. 분야별 담당자 지정

  ○ 식품·위생용품·의료제품 분야별로 정보수집 담당자를 지정

나. 주기적 정보 수집

  ○ 정보는 매일 1회 이상 수집

  ○ 다만 정보의 특성상 매일 수집·검토하는 것이 현실적으로 어려운 경우, 정보 출처의 특성 등을 고려하여 수시 또는 주기적으로 정보 수집

다. 추가적 정보수집

  ○ 수집한 정보에 따라 행정조치 등에 필요한 추가정보를 보완하여 수집

라. 심층적 정보수집

  ○ 온라인 일일 발생 위해정보 외에 정책 결정 등에 참고될 수 있는 전문정보를 파악·분석하는 정보수집

2.2. 정보수집 출처 및 검색어

가. 정보수집 출처 선정기준

  ○ 신뢰성 및 영향력

   - 객관성, 정확성, 기관의 권한 등 공신력 및 여론에 미치는 영향력

   ※ 미국 FDA, 유럽 EMA, 영국 FSA, 일본 MHLW, 중국 SAMR 등 국내외 식품·위생용품·의료제품을 관리하는 정부기관 및 WHO 등 국제기구

○ 신속성

　- 정보의 내용이 신속하게 전달되는 정도

나. 정보수집 출처

○ 국제기구, 국내외 정부기관 웹사이트

　- 법령 제·개정, 위해제품 회수, 보도자료 등 신규 발표내용 확인

○ 언론매체 웹사이트

　- 전문지의 경우 새로운 기사 전체를 검토

　- 언론포털 또는 일반매체의 경우 주요 검색어를 활용하여 관련 기사 검색

　※ 식품·위생용품·의료제품 온라인 정보 검색사이트 [별첨2, 별첨3, 별첨4] 참조

다. 검색어 목록 관리

○ 광범위한 정보를 효율적으로 수집하기 위해 지역 및 언어별 특성에 따른 일반 통용어 또는 전문용어 등으로 검색어 선정

○ 한국어를 기준으로 각 언어권별로 전환하여 검색

　- 영어, 일본어, 중국어, 프랑스어, 독일어, 스페인어, 베트남어, 태국어

　- 위생용품 온라인 정보 검색어는 타 검색어와의 중복 및 수집정보 이력 등을 고려하여 탄력적으로 조정

　※ 식품·위생용품·의료제품 온라인 정보 검색어 [별첨5, 별첨6, 별첨7-1, 별첨7-2] 참조

2.3. 정보수집원

가. 식품안전정보원

○ 식품안전정보원이 식품 및 위생용품 관련 온라인 정보 검색사이트를 모니터링하여 식약처 위해정보과에 제공

- 정보 발생일 및 수집일, 국가명, 정보출처, 정보제목, 정보내용, 정보분류 등을 요약
- 위해정보 등급분류 중 '긴급 정보'로 예상되는 정보는 문자·유선을 통해 신속히 제공

○ 온라인 정보 검색사이트 및 검색어 선정·변경은 위해정보과와 식품안전정보원이 함께 협의

※ 온라인 정보 검색사이트 및 검색어 [별첨2, 별첨5, 별첨7-1] 참조

나. 위해정보과

○ 위해정보과 의료제품 분야별 정보관리 담당자와 언어권별(영어, 일어, 중국어, 프랑스어, 독일어, 스페인어) 위해정보조사관이 온라인 정보 검색사이트를 모니터링하여 수집·번역

- 위해정보 모니터링 시스템 운영을 통해 해외 위해정보를 수집·분석

※ 온라인 정보 검색사이트 및 검색어 [별첨3, 별첨4, 별첨6, 별첨7-2] 참조

다. 해외정보리포터

○ 해외에 거주하는 교민 등의 지원자 중 식품·위생용품·의료제품 관련 전공자 및 관련 업종 경력자로 현지정보 수집을 위해 선발한 자

※ 「해외정보리포터 운영에 관한 지침」 참조

* 해외정보리포터 42개국 116명 활동 중 (2023.11. 기준)

○ 해외정보리포터 보고대상 구분

- 수시보고: 해외정보리포터가 식품·위생용품·의료제품에 관한 현지 언론, 업계, 학계 및 소비자단체 등의 발표자료와 여론 동향을 수시로 수집하여 보고하는 정보

※ 현지정보의 예시: 수입식품 원산지, 식품규격 정보, 농약사용 실태 등의 현지 정보와 제품, 제조원 및 수입자 정보, 법률 정보, 위해정보 발생빈도 등

- 심층보고: 식약처장이 식품·위생용품·의료제품의 특정 정보에 대해 조사 요청한 사항을 해외정보리포터가 상세하게 수집하여 보고하는 정보

※ 현지 유통제품의 사진 제공, 특정이슈에 대한 현지 동향 조사·수집 및 보고

○ 해외정보리포터 정보수집 처리

- 수시정보: '위해정보관리시스템'에 입력·분석하여 관련부서에 제공

※ 접근경로: 온나라포털> 통합식품안전정보망 > 위해정보관리

- 심층정보: '해외위해정보 보고시스템'에 입력하여 관계부서에 제공

※ 접근경로: 관계부서에 메일 제공

라. 해외 네트워크

○ 재외공관 : 국제협력담당관을 통하여 정보수집

※ 긴급사항 발생 시 해외파견 식약처 직원 등과 이메일·유선을 통해 직접 확인

○ 국외 정부기관 및 식약관 : 이메일, 유선 등을 통해 주요정보의 사실유무 및 조치사항 등을 확인

○ INFOSAN 및 RASFF 사이트에서 식품 위해정보수집

※ 아시아 국가간 식품안전 정보교류 네트워크인 'Asia INFOSAN' 참여국

국가명	기관 및 부서명
라오스	Ministry of Health - Food and Drug Department
말레이시아	Ministry of Health - Food Safety and Quality Division
몽골	Ministry of Health - Public Health Department
베트남	Ministry of Health - Vietnam Food Administration
부탄	Bhutan Agriculture and Food Regulatory Authority
브루나이	Ministry of Health
스리랑카	Ministry of Agriculture - Department of Animal Production & Health
싱가포르	Singapore Food Agency
말레이시아	Ministry of Health
인도	Food Safety and Standards Authority of India
인도네시아	Indonesian Food and Drug Authority
일본	Ministry of Health Labour and Welfare
중국	National Health Commission of the PRC
중국(홍콩)	Centre for Food Safety - Food and Environmental Hygiene Department
캄보디아	Ministry of Health - Communicable Disease Control Department
태국	Ministry of Public Health - Bureau of Food Safety Extension and Support
필리핀	Food and Drug Administration Philippines

2.4. 휴일 위해정보 수집

2.4.1 식품분야

가. 모니터링 대상

○ 정보수집 대상 온라인 사이트 중 중요한 규제기관 위주로 수집

* 토·일요일 1개 언어권(영어), 공휴일 3개 언어권(한국어, 영어, 중국어) 적용

< 정보 검색대상 >

- 북미 : 미국 FDA, 미국 FSIS, 미국 CDC, 미국 USDA, 미국 소비자제품안전위원회, 미국 캘리포니아주 공중보건부, 미국 뉴욕주 농업유통부, 미국 구글, 캐나다 식품검사청, 캐나다 보건부
- 유럽 : RASFF Portal, 유럽집행위원회 보건식품안전총국, EU 신규정보, 유럽식품안전청(EFSA), 아일랜드 식품안전청(FSAI), 영국 식품기준청(FSA), 핀란드 식품안전청(EVIRA)
- 중국 : 국가시장감독관리총국(SAMR), 농업부, 국가위생 및 가족계획위원회, 신화넷, 인민넷, 바이두, 중국 구글, 중국식품과기넷, 식품화반넷, 중국품질뉴스넷
- 홍콩 : 정부뉴스넷, 정부정보넷, 식품안전센터, 성도일보, 홍콩 야후, 홍콩 구글
- 대만 : 위생복지부, 식품약품소비자지식서비스넷, 행정원농업위원회, 위생복지부 식품약품관리서, Central News Agency, 자유시보, 대만 야후, 대만 구글
- 기타 : WHO, 마카오 정부 뉴스국, 싱가포르 식품청, 호주뉴질랜드식품기준청, 호주 TGA, 뉴질랜드 일차산업부

나. 모니터링 인력과 근무방법

○ 식품안전정보원이 수집하여 위해정보과에 제공한 정보를 휴일근무 담당자(위해정보과)가 검토·분석하여 관련부서에 제공

○ 주말 및 휴일 근무자는 사무실 근무(스마트워크 포함) 또는 재택근무

2.4.2 의료분야

가. 모니터링 대상

○ 정보수집 대상 온라인 사이트 중 중요한 규제기관 위주로 수집

* 토·일요일, 공휴일 언어권(한국어, 영어 등) 적용

(※ 주말·휴일 용역 사업 선정 시, 언어권(일어 또는 중국어 등) 추가 가능)

< 정보 검색대상 >

- 북미 : 미국 FDA, 미국 질병통제예방센터(CDC)*, 캐나다 보건부(HC)
- 유럽 : 유럽 집행위원회(EC), 유럽 의료제품안전청(EMA), 유럽 의약품품질위원회(EDQM), 영국 의약품건강관리제품규제청(MHRA), 아일랜드 건강제품규제청(HPRA)
  * 미 CDC는 전자담배 연관 질환 등 주요 질환 또는 감염병 발생 모니터링
- 아시아 : 싱가포르 보건과학청(HSA), 홍콩 위생서
- 기타 : 호주 연방의료제품청(TGA), 뉴질랜드 의약품의료기기안전청(Medsafe)

나. 모니터링 인력과 근무방법

○ 수집·조사한 의료제품 해외 위해정보를 휴일근무담당관(위해정보과)이 검토·분석하여 관련부서에 제공

○ 주말 및 공휴일 근무자는 사무실 근무(스마트워크 포함) 또는 재택근무

3 위해정보 분석

3.1. 정보분석의 기본원칙

- 정보출처, 제품(제조사)명, 위해요인 등에 대한 사실여부 확인
- (식품분야) 국내 수입·유통현황 등을 분석하고 기 정보이력 등 확인
- (의료제품 분야) 국내 허가여부 등을 분석하고 기 정보이력 등 확인
- (위생용품 분야) 국내 수입·유통현황·허가사항 등을 분석하고 기 정보이력 등 확인

3.2. 사전 검토 착안사항

가. 정보출처의 신뢰성

- 언론매체가 정부기관의 정책방향 및 위해 식품·위생용품·의료제품에 대한 조치 내용을 보도한 경우, 정부기관의 발표자료 등을 추적하여 확인
- 동일 정보에 대하여 여러 언론에서 다루고 있는 경우, 신뢰도가 높은 언론매체로 출처 선별

나. 상황 및 피해의 심각성

- 사망, 식중독발생, 질병보고 등 중대한 부작용으로 인한 회수, 다소비 제품 여부 등을 검토
- 유해물질 위해성 정도 확인(예: 국제암연구소(IARC) 등급분류 참조)
- 취약계층(영유아, 임산부 등)을 대상으로 하는 제품인지 여부

다. 소비자의 노출 가능성 및 노출 정도

- 국내 수입·제조·유통 여부 또는 가능성

○ 개별 품목·성분에 국한 또는 관련 분야 전체 확대 가능성

라. 국내 관리여부 확인
○ 국내 기준규격, 시험법 등 관리방법 유무

○ 국내 수입·제조 시 관련 검사 또는 증빙자료 첨부 등 추가적인 조치 없이 현재 관리시스템으로 관리 가능한지 여부

※ 식품·위생용품·의료제품 정보 분석 체크리스트 예시 : [별첨8] 참조

마. 정보제목의 객관성 및 대표성
○ 정보의 제목이 정보내용과 잘 연계되며 대표성을 갖는지 확인

※ 언론보도의 자극적인 제목을 그대로 정보제목으로 인용한 경우 객관적인 정보 분석의 저해요인으로 작용할 수 있으므로 주의

바. 정보내용의 명확성
○ 한글로 번역된 원문, 전문용어 등이 정확하고 명확한지 확인

○ 정책관련 정보는 시행 및 유예기간 등의 일자 확인

※ 법령·정책 등이 시행되지 않았거나, 제품사용 금지 등 행정조치 이전에 이미 시행·조치한 것으로 보도하는 경우가 있으므로 주의

○ 요약 번역인 경우, 원문의 주요 내용이 누락되지 않았는지 확인

○ 제조사 및 제품명의 정확성 여부(부정확할 경우는 추가 검색)

사. 정보 분류의 정확성
○ 대분류, 소분류, 주제별로 분류가 정확한지 확인

아. 정보수집의 효율성
○ 「위해정보관리시스템」을 통해 중복 여부 확인

자. 정보 분석 확인
○ 분야별 정보담당자의 예비분석(정보의 정확성, 출처 등 확인) 후 위해정보과장이 분석결과 확인

3.3. 분야별 정보 분석 세부 착안사항

3.3.1. 식품·위생용품 분야

가. 국내 수입 및 유통실태 확인

○ 식품의약품안전처「식의약행정시스템(행정포털)」에서 수입식품, 수입수산물, 수입축산물, 위생용품*의 국내 정식 수입유무 확인

* 일회용 컵, 일회용 숟가락·젓가락, 일회용 빨대, 세척제, 헹굼보조제 등

- 정보에서 확인된 제조사, 제품명, 제품유형, 수출국, 검출성분의 검사유무 등 확인

※ 식품: 식의약행정시스템(행정포털) > 수입식품통합시스템 > 조회및통계> 수입신고> 수입신고 실적조회 등/ 식의약행정시스템(행정포털) > 수입식품통합시스템 > 검사관리> 접수> 수입신고 내역

※ 위생용품: 식의약행정시스템(행정포털) > 수입식품통합시스템 > 위생용품 > 접수(수입신고접수내역) / 검사(현장검사결과등록) / 조회 및 통계> 수입신고 실적조회

○ 국내 정식수입이 아닌 인터넷 등을 통해 판매되는 위해 제품 유입이 있는지 필요시 검색하여 확인(예, 인터넷 포털사이트 등)

○ 국내 정식 반입가능성 및 해외여행자에게 주의가 필요한 정보여부 확인

나. 국내 규정 및 기준·규격 검토

○ 식약처 홈페이지 > 법령·자료 > 법령정보 > 법·시행령·시행규칙 또는 고시전문 등

※ 식품, 농약, 원료 :「식품의 기준 및 규격」등

※ 첨가물 : 「식품첨가물의 기준 및 규격」 등

※ 기구·용기·포장 : 「기구 및 용기·포장의 기준 및 규격」 등

※ 건강기능식품 : 「건강기능식품의 기준 및 규격」 등

※ 위생용품 : 「위생용품의 기준 및 규격」 등

다. 식약처 기 조치사항 및 기정보 이력 확인

○ 식약처 홈페이지 분야별정보, 위해정보공개, 보도자료 등 확인 및 정보건별 해당 사업부서에 조치사항 확인

○ 「위해정보관리시스템」의 기 수집된 정보를 근거로 동향 등을 확인

라. 국외 규정 및 기준규격 검토

○ CODEX: 국제식품규격위원회(Codex Official Standard) 등

○ 미국: FDA의 CFR(Code of Federal Regulation) 등

○ 유럽연합: 유럽집행위원회(Commission Regulation) 등

○ 일본: 일본 후생노동성 법령 DB(식품, 첨가물 등의 규격기준) 등

○ 중국: 중국 국가표준(GB) 등

3.3.2. 의약품 (생약, 바이오, 의약품 포함)·의약외품 분야

가. 국내 품목허가 확인

- ○ 확인사항 : 정보에서 확인된 완제의약품(주성분) 또는 원료의약품의 제조사, 제형 관련 국내 허가 유무, 관련 품목에 반영된 허가내용 확인
  - 허가항목별 주요 확인사항
    - [제품사항] : 신약, 재심사대상 여부, 제제특성-품목특성구분항의 화학의약품·생물의약품·천연물의약품등 분류 확인
    - [원료·성분] : 주성분(단일제·복합제, 계통성분명), 주성분 및 활성물질 용량 확인
    - [제조원] : 자사제조가 아닌 경우, 실제 의약품 제조원(소재지) 확인
    - [성상] : 제형 확인
    - [효능·효과] : 효능·효과(적응증) 확인
    - [용법·용량] : 투여경로, 1일 투여량, 투여기간 등 확인
    - [사용상의 주의사항] : 국내 주의사항 항목에 반영여부 등 확인
- ○ 확인방법 : 식약처 행정포털 중 의약품통합정보시스템

  ※ 식의약행정시스템(행정포털) → 의약품통합정보시스템 → 품목대장, 품목허가관리 → 품목허가(신고)대장, DMF 등록대장, 제조(수입)업 허가(신고)대장

나. 국내 허가사항 변경지시 및 안전성서한(속보) 현황

- ○ 확인사항 : 성분별·제품별 허가사항 변경이력, 안전성서한(속보) 배포 내용
- ○ 확인방법 : 식약처 홈페이지 「의약품안전나라(의약품통합정보시스템)
  > 고시/ 공고/ 알림 > 안전성서한(속보) 검색

다. 국내 규정 및 기준규격 검토

　○ 식약처 홈페이지 > 법령·자료 > 법령정보 > 법·시행령·시행규칙 또는 고시전문 등

　　※ 의약품등 기준규격 고시 : 대한민국약전 등

　　※ 의약외품 기준규격 고시 : 의약외품에 관한 기준 및 시험방법 등

라. 식약처 기 조치 사항 및 기정보 이력 확인

　○ 식약처 홈페이지 분야별정보, 위해정보공개, 보도자료 등 확인 및 정보건별 조치사항 확인

　○ 「위해정보관리시스템」의 기 수집된 정보를 근거로 동향 등 확인

마. 국외 허가사항 확인

　○ 미국 FDA 등 허가정보 DB 확인

3.3.3. 화장품·위생용품분야

가. 기능성 화장품의 국내 심사·보고 현황, 위생용품의 국내 수입현황 확인

○ 확인사항

- 기능성화장품 : 정보에서 확인된 위해제품의 국내 심사·보고 유무 및 제품정보 확인

※ 국내유통 여부 확인이 가능하도록 브랜드, 제품명 등의 정보 사업부서 제공

- 위생용품(화장지, 일회용 면봉, 일회용 기저귀, 일회용 팬티라이너)

· 정보에서 확인된 수입 위해제품의 국내 정식수입유무, 제조사, 제품명, 정보에 기재된 성분 검사 유무 등 확인

※ 행정포털시스템에서 수입식품 접수일자(최근 2년), 제품명, 제품유형, 제조사 및 수출국으로 수입여부 확인

· 국내 정식수입이 아닌 인터넷 등을 통해 판매되는 위해 제품 유입이 있는지 필요시 검색하여 확인(예, 인터넷 포털사이트 등)

· 국내 정식 반입가능성 및 해외여행자에게 주의가 필요한 정보 여부 확인

○ 확인방법

- 화장품 : 식약처 행정포털 중 의약품통합정보시스템에서 기능성 화장품 심사현황, 제조업 허가현황 등 확인

※ 식의약행정시스템(행정포털) → 의약품통합정보시스템 → 화장품 대장관리 → 품목허가/신고 → 기능성화장품 심사대장 관리

- 위생용품 : 식약처 행정포털 중「통합수입검사시스템」에서 수입 위생용품의 국내 정식 수입현황 확인

    ※ 식의약행정시스템(행정포털) → 통합수입검사시스템 → 위생용품 → 접수관리(수입신고접수내역), 검사관리(현장검사결과등록) 등

나. 국내 규정 및 기준규격 검토

○ 식약처 홈페이지 > 법령·자료 > 법령정보 > 법·시행령·시행규칙 또는 고시전문 등

    ※ 화장품 기준규격 고시 :「화장품 안전기준 등에 관한 규정」 등

    ※ 위생용품 기준규격 고시 :「위생용품의 기준 및 규격」 등

다. 식약처 기 조치사항 및 기정보 이력 확인

○ 식약처 홈페이지 분야별정보, 위해정보공개, 보도자료 등 확인 및 정보건별 해당 사업부서에 조치사항 확인

○ 「위해정보관리시스템」의 기 수집된 정보를 근거로 동향 등을 확인

라. 국외 기준규격, 화장품원료 등 검색

○ 국제화장품원료규격집(ICCR), 유럽 집행위원회(EC) 등 규격 및 규정 확인

3.3.4. 의료기기 분야

가. 국내 품목허가 확인

  ○ 확인사항

   - 정보에서 확인된 위해 제품의 국내 수입 허가 유무 및 제품 정보 확인

   ※ 국내 허가사항 및 유통 여부 확인이 가능하도록 제조사, 제품명 등의 정보 사업부서 제공

  ○ 확인방법

   - 의료기기: 식약처 행정포털 중 의료기기안전관리시스템

   ※ 식의약행정시스템(행정포털) → 의료기기안전관리시스템 → 현황 및 관리대장 → 수입업 대장 → 수입품목허가(신고)대장

나. 국내 규정 및 기준규격 검토

  ○ 식약처 홈페이지 > 법령·자료 > 법령정보 > 법·시행령·시행규칙 또는 고시전문 등

   ※ 의료기기 기준규격 고시 : 의료기기의 생물학적 안전에 관한 공통기준규격 등

다. 식약처 기 조치사항 및 기정보 이력 확인

  ○ 식약처 홈페이지 분야별정보, 위해정보공개, 보도자료 등 확인 및 필요 시 정보건별 해당 사업부서의 조치 사항 확인

  ○ 「위해정보관리시스템」의 기 수집된 정보를 근거로 동향 등을 확인

라. 국외 허가사항 확인

  ○ 미국 FDA 등 허가정보 DB 확인

4 위해정보 분류 및 제공

4.1. 위해정보 분류

○ 정보분석 체크리스트(별첨 8)를 참고로 정보내용을 종합적으로 판단하여 긴급·관심·참고 정보로 분류

< 식품·위생용품·의료제품 위해정보 등급분류 요약 >

정보분류	정보내용	조치	비고
긴급	▪ 위기경보 발령, 상황점검회의 및 긴급대응회의 등 긴급한 대응 또는 여러 부서의 유기적이고 즉각적인 대응이 필요한 정보	▪ 상황점검회의 및 긴급대응회의 요청 ▪ 관련 부서의 위해정보담당관*을 통해 신속 전파(문자유선 등) 및 정보 공유 ▪ 추가정보 필요시 위해정보조사관, 정보원, 식약관 및 규제기관 네트워크 등을 통해 집중수집 ▪ 온나라포털 '공지' 및 '알림>위해정보'에 게시	▪ 긴급경보발령 ▪ 인트라넷 게시
관심	▪ 국내 허가·유통 제품의 허가 사항 변경, 회수·차단, 안내문 통지 등 안전관리의 신속한 <u>조치 필요(성을) 검토</u>해야 될 것으로 판단된 정보나 제품 판매중단, 유해물질의 피해 및 상황의 심각성에 따라 <u>조치 검토</u>로 판단된 정보	▪ 관련 부서에 정보 내용 공유 ▪ 추가정보 필요시 해외정보리포터, 위해정보조사관, 정보원, 식약관 등을 통해 집중수집 ▪ 지속적으로 관련 정보 모니터링 ▪ 온나라포털 '알림>위해정보'에 게시	▪ 인트라넷 게시
참고	▪ 관련 기관(부서)의 업무수행 시 참고가 될 수 있는 정보	▪ 관련 부서에 참고 정보 내용 공유 ▪ 온나라포털 '알림>위해정보'에 게시	▪ 인트라넷 게시

※ 위해정보담당관: 긴급한 위해정보가 수집된 경우 관련 기관(부서)에 해당 정보를 문자·유선 등을 통해 신속히 전파하는 공무원으로서 본부 부서별로 2명 이상 지정하며, 평가원·지방청은 필요 시 지정함

※ 위해정보 등급분류는 언론동향, 해외사례 등 시간이 경과함에 따라 정보의 등급이 변경 될 수 있음

가. 긴급정보

○ 위기경보 발령, 상황점검회의 및 긴급대응회의 등 긴급한 대응 또는 여러 부서의 유기적이고 즉각적인 동시 대응이 필요한 정보

※ 단, 긴급정보임에도 불구하고 관련 부서(국)에서 자체대응을 할 수 있다고 판단될 때는 위기경보 발령 및 상황점검회의 개최 생략 가능

나. 관심 정보

○ 국내 허가·유통 제품의 신속한 조치가 필요할 것으로 판단되는 정보

※ 해외 부적합 제품 또는 그 유사제품이 국내에 유입 되거나 유입될 가능성이 있어 행정조치 등이 요구되는 정보

○ 수입검사 실시 등 안전관리에 대한 조치필요성 검토가 필요할 것으로 판단되는 정보

※ '조치필요 검토' 정보는 해외 위해정보 중 사업부서가 검사·확인·정책반영 등이 필요한 지 검토가 요구되는 정보

다. 참고 정보

○ 관련 기관(부서)의 업무수행에 참고가 되는 정보

4.2. 위해정보 제공

4.2.1. 위해정보 내부 제공

가. 긴급정보

○ 수집·공유된 위해정보에 대해 피해의 심각성, 소비자 노출가능성, 해당 제품의 통제 가능 여부 등을 소관 국(부서)과 검토·협의하여 위해 예상 경보 발령

○ 인트라넷 「공지」 게시판에 관련정보 게시

○ 동시에 문자메시지 등을 통해 긴급정보 통지

○ 처·차장, 국·부장(지방청장), 대변인, 위해예방정책과·위해정보과·국·부 주무과·관련부서의 과장, 위해정보담당관 등에게 신속 통지 및 필요시 위해예방정책과에 상황점검회의 개최 요청

○ 사업부서는 긴급 위해정보에 따른 조치내용*을 위해예방정책과·위해정보과에 공유

　* (잠정) 유통·판매중지, 수거·검사, 회수 등

< 위해 예상 경보 발령 이후 업무진행 절차 >

▶ 긴급정보 전파 및 게시 후 동일 건에 대한 현지정보 집중 수집 체계
- 식약관 등 해외 대사관을 통한 공식적인 정보 수집
- WHO 등 국제기구를 통한 정보 수집
- 해당국 규제기관과의 직접적인 연락 등을 통한 추가정보 수집
- 해당국 거주 해외정보리포터를 대상으로 추가정보 요청
　※ 주변국으로 확대 시 기타 국가 해외정보리포터에게도 공지

▶ 국내 유통 및 수입동향에 대한 자세한 수량 등 세부정보 정리
　※ 필요시 동향보고 및 정보이력 정리 후 관련 부서와 공유

▶ 가능한 한 빠른 시간 내에 '상황점검회의' 또는 '긴급대응회의'를 개최할 수 있도록 필요한 모든 정보를 위해예방정책과에 제공

▶ 상황점검회의 또는 긴급대응회의 결과에 따라 추가정보 수집
　※ 세부절차는 식품·의약품·화장품·의료기기 사고 위기대응 매뉴얼 참조

나. 관심 및 참고정보

　○ 관심 및 참고정보는 필요시 위해정보담당관 또는 관련부서 담당자에게 내부메일 등을 통해 신속히 제공

　○ 일일수집한 모든 정보(긴급, 관심, 참고)는 온나라 행정포털 「알림-위해정보」에 식품·의료제품별, 세부항목별로 분류·게시하여 관련 부서에서 확인할 수 있도록 제공

　　※ 식품·위생용품 분야 분류항목 : 방사능, 오염물질, 기구용기포장, GMO, 미생물 및 독소, 건강기능식품 및 부정유해물질, 잔류농약 및 동물용의약품, 첨가물, 영양 및 표시, 정책동향 및 연구, 국내정보, 기타

　　※ 의료제품분야 분류항목 : 의약품, 의약외품, 바이오, 생약, 화장품, 의료기기

4.2.2 위해정보 외부 제공

가. 정부부처·지자체 정보 제공

　○ 관련 정부부처·기관 및 17개 시·도에 수집 정보 공유

나. 기업체 정보 제공

　○ 식약처 홈페이지 '식품의료제품 수출지원 정보방'에 기업 활동에 필요한 정보를 적극 발굴하여 게시

　　※ 식약처 홈페이지> 정책정보> 식품의료제품 수출지원 정보

다. 대국민 정보제공

　○ 정보내용 : 외국 정부 또는 업체에 의해 회수 등 조치된 제품 중 국내 정식수입은 없으나, 인터넷 또는 해외여행 등을 통해 구입이 가능한 불법 또는 위해 식품 등

○ 공유방법 : 식약처 홈페이지「해외여행객 주의정보방」, 식품안전나라
「해외직구 정보방」 및 인천공항 전광판에 정보 게시

해외여행객 주의정보방

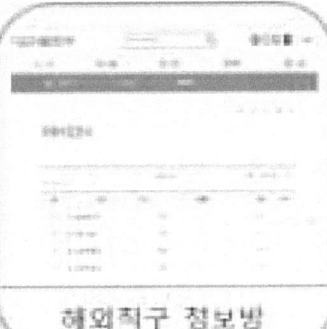
해외직구 정보방

인천공항 전광판

5 위해정보 시스템 운영 및 사후관리

5.1. 시스템 운영

가. 수집정보 등록·공유

○ 식품·위생용품·의료제품 등 분야별로 수집된 정보는 해당제품의 수입여부, 국내외기준, 정보등급[긴급·관심·참고] 등 분석 후 시스템에 입력·제공

나. 수집정보 조치부서 및 조치결과 입력

○ 정보수집·분석부서(위해정보과)가 수집한 정보의 조치 담당부서를 지정하여 시스템(부서선택)에 명시(등록)

- 조치 담당부서는 정보를 바탕으로 보도자료를 배포할 경우 정보제공 부서(해당과)와 사전 협의

○ 지정된 조치 담당부서는 조치단계별 조치내용 입력 및 기록 관리

- 조치 담당부서는 위해정보를 신속히 처리하고, 조치결과를 지체없이 입력

※ 조치결과, 담당자명, 조치내역, 관련근거, 등록자 등

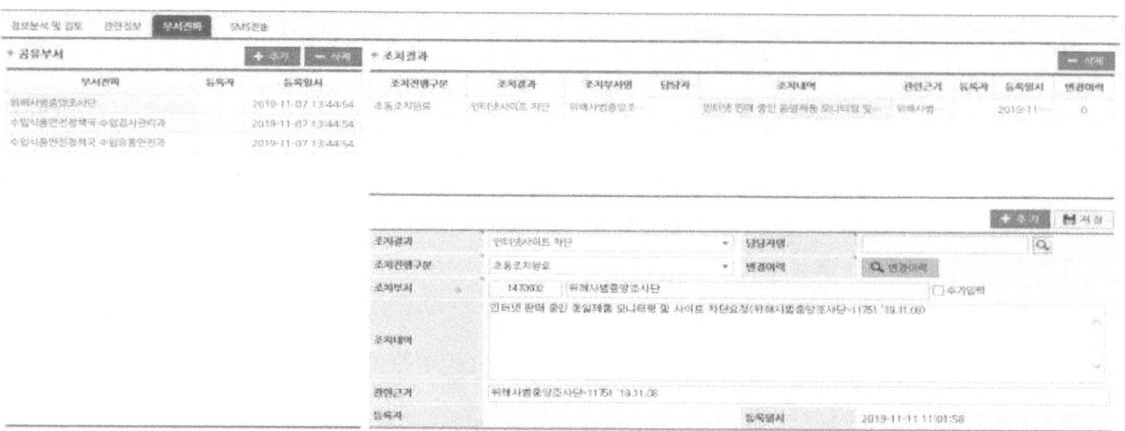

▶ [예시] 미국 농무부(USDA) 동식물검역국(APHIS), 워싱턴주의 경작지에서 자라고 있던 유전자변형 밀의 발견으로 조사 진행 중(6.10)

위해정보과	① 부서전파 화면에서 '추가 버튼' 클릭 ② 부서선택 화면에서 제공부서인 '수입식품안전정책국 수입유통안전과' 지정	
사업부서	1차(수거·검사)	2차(회수·폐기)
	① 조치결과 '(유통)검사관리강화' 코드 입력 ② 조치 부서 및 담당자 입력 　* 수입국 수입유통안전과 ○○○ ③ 조치 내역, 관련근거 등 입력 　* 6.11. 수거 검사 상세 내역 등 ④ 추가 버튼 클릭 후 저장	① 조치결과 '(유통)반송·회수·폐기' 코드 입력 ② 조치 부서 및 담당자 입력 　* 서울청 수입관리과 ○○○ ③ 조치 내역, 관련근거 등 입력 　* 6.12. 회수·폐기 상세 내역 등 ④ 추가 버튼 클릭 후 저장

5.2. 사후관리

가. 수집정보의 데이터베이스화

○ 내부망 **식품행정통합시스템** 중 「위해정보관리시스템」에 일일 수집정보 일괄 등록

나. 정보 사후관리

○ 공유된 정보 중 긴급정보, 관심정보 등 관리부서가 수집정보에 따른 검사확인 등 조치필요성 검토가 요구되는 정보이상의 중요정보에 대하여 조치 여부 등에 대한 정기적 확인

Ⅱ 국내 위해정보

1 위해정보 관리 업무개요

1.1. 매뉴얼의 목적

○ 한국소비자원 소관 소비자위해감시시스템(CISS)에서 실시간 제공하는 식품·의료제품(의약품등(합성, 바이오, 생약, 의약외품), 화장품, 의료기기), 위생용품으로 인한 위해요인의 사전예방과 피해 최소화를 위하여

- 소비자위해감시시스템(CISS) 위해정보를 신속하게 수집·분석·공유하고, 사업부서 등의 시의적절한 조치를 지원하고자 함

1.2. 관련규정 및 지침

○ 식품·의약품 등 안전사고 주요상황 대응매뉴얼

1.3. 정보관리 프로세스

단계	절 차	
수집	◆ 한국소비자원 '소비자위해감시시스템(CISS)' 정보공유시스템 사이트 (https://www.ciss.go.kr/common/shrLogin.do)	
분석	◆ 일일정보 분석 • 피해사항(제품결함, 위험요인, 부작용 등) 상세정보 • 관련법령 위반사항(식품위생법, 축산물위생관리법, 수입식품안전관리특별법, 어린이식생활안전관리특별법, 건강기능식품에관한법률, 식품등의표시·광고에관한법률, 약사법, 화장품법, 의료기기법, 위생용품관리법 등)	◆ 정보등급분류 및 조치 • 주요정보: 즉각적인 사건조사, 행정조치 등 필요성 검토 정보 • 참고정보: 안전관리(지도·점검, 실태조사 등) 업무에 참고할 수 있는 정보 • 제외정보: 업무에 참고할 수 있는 정보가 부족한 정보 ※ 38쪽 정보 활용예시 참조
공유	◆ 'CISS 위해정보 일일상황보고', 위해정보관리시스템 및 내부 알림을 통해 CISS 세부정보 일일 공유	
활용	◆ 국내 유통제품의 안전관리(지도·점검, 실태조사 등)에 활용	
정보관리	◆ 수집정보를 위해정보관리시스템에 DB화 ◆ 공유정보 활용결과를 (분기별·반기별)로 상황보고	

2. 위해정보 수집

2.1. 접속 사이트

○ 한국소비자원 '소비자위해감시시스템(CISS)' 정보공유시스템
   (https://www.ciss.go.kr/common/shrLogin.do)

◆ **한국소비자원 제공 위해정보**
   : 소비자위해감시시스템(CISS, Consumer Injury Surveillance System)

○ (개요) 소비자의 생명·신체, 재산에 위해 발생 및 우려 사안에 대한 정보를 수집·분석·평가하여 관련 조치를 취할 수 있도록 구축된 시스템

  ※ 관련법 : 소비자기본법 제52조

○ (체계) 유관부처·기관, 위해정보 제출기관*

  * 위해정보 제출기관 : 58개 병원, 18개 소방서, 학교안전공제중앙회(공정위가 지정)

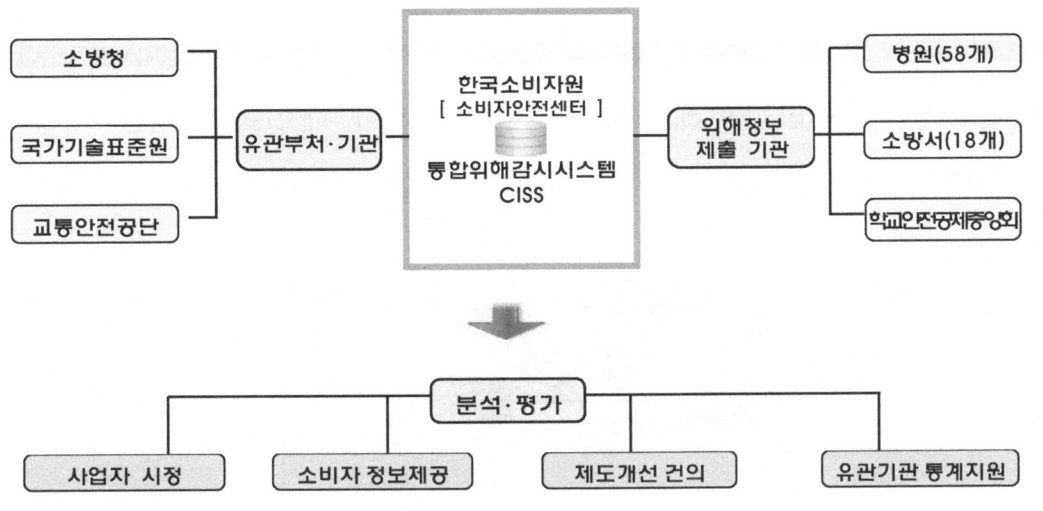

○ (제공정보) 위해발생 장소, 발생경위, 위해품목(제품명, 제조일자 등), 관련 업체(업체명, 연락처 등) 정보

2.2. 접속 방법

○ 한국소비자원 '소비자위해감시시스템(CISS)' 정보공유시스템 계정 신청

○ '소비자위해감시시스템(CISS)' 정보공유시스템에 접속하여 사용자 아이디와 비밀번호 입력하여 로그인

○ 로그인 후 사용자 연락처로 발송된 SMS 문자를 확인하여 입력 후 접속

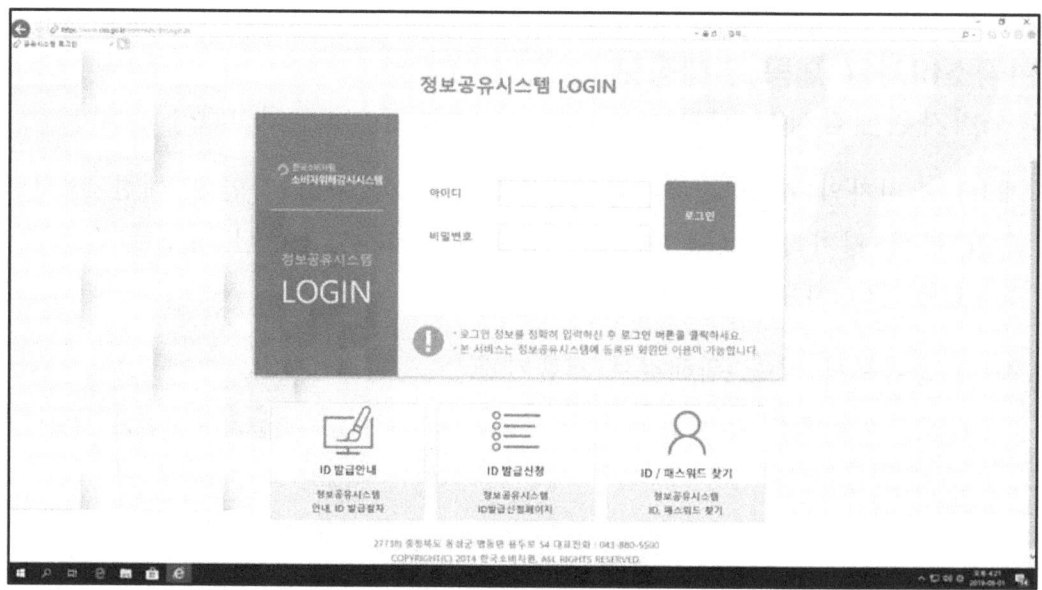

○ 접속 후 '소비자위해감시시스템(CISS)'의 메인화면으로 이동

2.3. 정보 검색

○ 메인 메뉴 중 '위해정보조회'에서 '접수일'의 시작일을 수집일자로부터 3일 전(근로일 기준)으로 설정 후 조회

○ 품목코드에서 식품 등 분야(식물식품·축산수산물식품·가공식품·주방기기 및 용품) 및 의료제품 분야(의약(외)품 및 의료용구·화장품 및 화장용품)의 위해정보를 검색한 후 자료를 수집

※ 각 분야별 자료를 엑셀로 다운로드

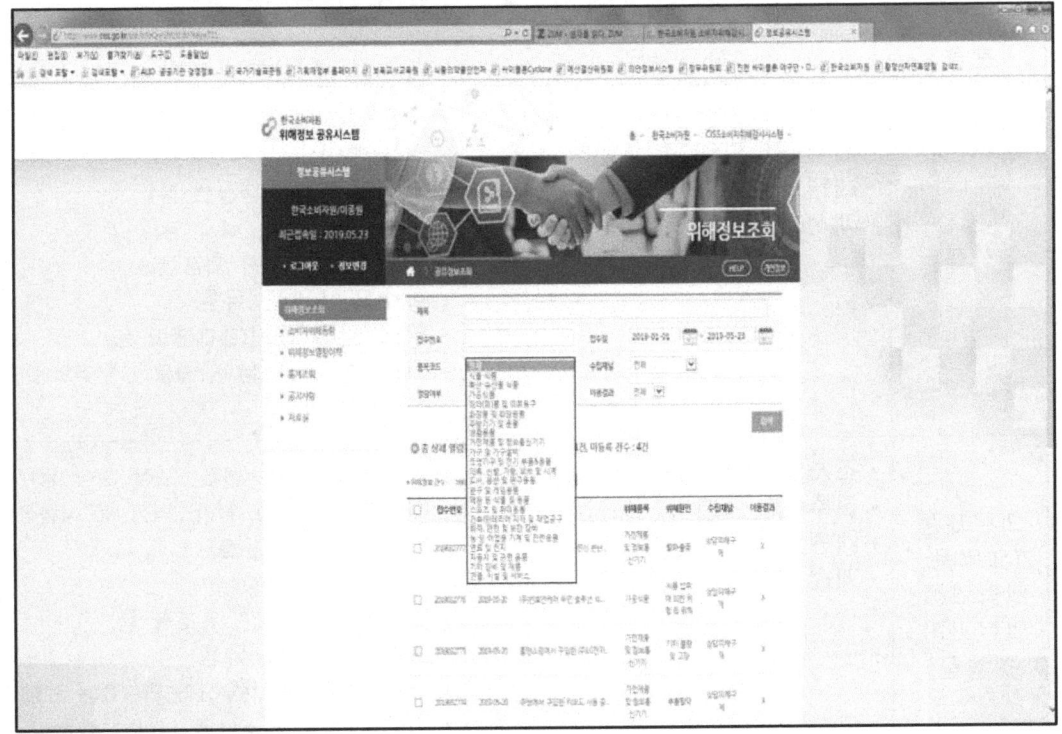

○ 필요 시 소비자 위해동향, 통계조회, 자료실 등 메뉴에서 관련 정보 검색 가능

2.4. 정보 수집

O 식품행정통합시스템(CISS정보관리) 자료 입력을 위한 조사표 양식에 따라 CISS 정보 중 정보일자, 정보출처, 제품정보(제품명, 제조사/수입사/판매사, 제조일자 등), 정보내용(위해경위, 신고사유) 등을 확인하여 정보수집

　　* CISS의 원자료를 조사표 양식으로 분류 시 식약처 소관이 아닌 사항은 수집 대상에서 제외(예시 : 의료기관의 의약품 광고, 한의원 조제한약, 의료사고 부작용, 생수 등)

< 분야별 신고사유 및 위험요인 분류 >

분류	신고사유	위험요인
식품	◆ 조사요청(성분검사, 원인조사 등) ◆ 회수 및 판매 차단요청 ◆ 내원 ◆ 개선 요구	◆ 제품결함(곰팡이, 부패, 변질, 이취, 산패 등) ◆ 이물혼입 ◆ 부정물질(의약품성분 등) ◆ 이상사례(복통, 설사 등) ◆ 불법제품(무허가 제품 등) ◆ 회수의심제품 유통 ◆ 부정 광고/표시(과대광고 등) ◆ 기타(오염물질, 농약, 사용상 부주의에 의한 신체손상 등)
의료제품 (의약품, 의약외품, 의료기기, 화장품)	◆ 조사요청(성분검사, 원인조사 등) ◆ 회수 및 판매 차단요청 ◆ 내원 ◆ 개선 요구	◆ 제품결함(부패, 변질, 포장 손상 등) ◆ 이물혼입(금속성, 플라스틱성, 동·식물성 등) ◆ 유해물질(발암물질 등) ◆ 이상사례(임상증상) ◆ 불법제품(무허가, 위조품 등) ◆ 회수의심제품 유통 ◆ 부정 광고/표시(무허가 의료효능 표방 등) ◆ 기타(사용상 부주의에 의한 신체손상 등)
위생용품	◆ 조사요청(성분검사, 원인조사 등) ◆ 회수 및 판매 차단요청 ◆ 내원 ◆ 개선 요구	◆ 제품결함 ◆ 이물혼입 ◆ 유해물질(발암물질 등) ◆ 이상사례(임상증상) ◆ 불법제품(무허가 등) ◆ 회수의심제품 유통 ◆ 부정 광고/표시(과대광고 등) ◆ 기타(사용상 부주의에 의한 신체손상 등)

3 위해정보 분석

3.1. 정보 분석 시 확인사항

가. 위험요인

○ 제품결함, 이물혼입, 부정물질(의약품성분 등), 부정 광고표시, 부작용, 이상사례, 식중독, 불법제품(무허가, 위조품 등) 등 주요 위험요인 검토

나. 상황 및 피해의 심각성

○ 주요 위험요인의 피해 심각성, 확산 가능성, 언론 이슈 가능성 등을 검토(예: 사망, 발암, 식중독 등 감염성 질병 등)

○ 유해물질 위해성 정도 확인(예: 국제암연구소(IARC) 등급분류 참조)

○ 취약계층(영유아, 임산부 등)을 대상으로 하는 제품인지 여부

다. 소비자의 노출 가능성 및 노출 정도

○ 개별 품목·성분에 국한 또는 관련 분야 전체 확대 가능성

○ 해외직구 온라인 판매 가능성

라. 국내 관리사항

○ 관련법령* 위반사항

 * 식품위생법, 축산물위생관리법, 수입식품안전관리특별법, 어린이식생활안전관리특별법, 건강기능식품에관한법률, 식품등의표시·광고에관한법률, 약사법, 화장품법, 의료기기법, 위생용품관리법 등

○ 국내 기준규격, 시험법, 허가 등 관리방법 유무

마. 정보 신뢰성

○ 분야별 정보의 정확성, 출처 등 확인

3.2. 분야별 정보 확인사항

3.2.1. 식품[식품, 식품첨가물, 기구·용기, 농·축·수산물, 수입식품, 건강기능식품]

가. 신고한 제품의 상세정보

○ 정보출처, 신고사유, 제품명, 업체명(제조·수입·유통), 발생장소, 위해요인, 주요 위험요인 등 상세정보 확인(해당 정보가 있는 경우)

※ 식의약행정시스템(행정포털)의 식품행정통합시스템 및 수입식품통합시스템

○ 유사한 제품 신고가 3개월 내에 있었는지, 신문기사에 유사한 사례가 보도되었는지 등 확인

○ 유사제품 소비자에게 주의가 필요한 정보인지 여부 확인

나. 법령 및 기준규격

○ 제품명이 명확한 경우 국내 허가 여부, 식품유형, 위험요인을 분석하여 해당 법령에 따른 행정조치 대상 여부 검토

※ 필요시 관련 사업부서와 협의 검토

○ 국내 법령 및 기준규격

분류	법령 및 기준규격
식품	「식품위생법」, 「수입식품안전관리특별법」, 「축산물위생관리법」, 「식품의 기준 및 규격」 등
기구·용기포장	「기구 및 용기·포장의 기준 및 규격」 등
건강기능식품	「건강기능식품법」, 「건강기능식품의 기준 및 규격」 등
식품첨가물	「식품첨가물의 기준 및 규격」 및 「식품의 기준 및 규격」 등
표시·광고	「식품표시광고법」, 「식품등의 표시기준」 등

○ 해외 기준규격

분류	해외 기준규격
CODEX	국제식품규격위원회(Codex Official Standard)
미국	FDA의 CFR(Code of Federal Regulation)
유럽연합	유럽집행위원회(Commission Regulation)
일본	일본 후생노동성 법령 DB(식품, 첨가물 등의 규격기준)
중국	중국 국가표준(GB)

다. 관련정보 이력

○ 제품명이 명확한 경우, 3개월 이내에 수집된 유사 정보 유무 확인

라. 주요 위험요인

○ 제품결함(곰팡이, 부패, 변질, 이취, 산패, 팽창, 포장지 결함 등)

○ 이물혼입

○ 부정물질(의약품성분 등)

○ 이상사례(복통·설사 등)

○ 불법제품(무허가 제품 등)

○ 회수의심제품 유통

○ 부정 광고/표시(과대광고 등)

○ 기타(오염물질, 농약, 사용상 부주의에 의한 신체손상 등)

3.2.2. 의약품등(의약품(생약, 바이오 포함), 의약외품) 분야

가. 신고한 제품의 상세정보

- ○ 정보출처, 신고사유, 제품명, 업체명, 주요 위험요인, 판매처 등 상세정보 확인(해당 정보가 있는 경우)

- ○ 정보에서 확인된 위해제품의 제조·수입 허가(신고)사항 확인
    - ※ 식의약행정시스템(행정포털) 중 의약품통합정보시스템

나. 국내 허가, 기준

- ○ 식약처 홈페이지>법령·자료>법령정보>법·시행령·시행규칙 또는 고시전문 등

분류	관련 규정
의약품, 의약외품	「약사법」, 「의약품 등의 안전에 관한 규칙」 등

다. 관련정보 이력

- ○ 제품명이 명확한 경우, 3개월 이내에 수집된 유사 정보 유무 확인

라. 주요 위험요인 정보

- ○ 제품결함(부패, 변질, 포장 손상 등)
- ○ 이물혼입(금속성, 플라스틱성, 동물성, 식물성 등)
- ○ 유해물질(발암물질, 유해색소, 감작성 물질 등)
- ○ 이상사례(임상증상)
- ○ 불법제품(무허가, 위조품 등)
- ○ 회수의심제품 유통
- ○ 부정 광고/표시(무허가 의료효능 표방 등)
- ○ 기타(사용상 부주의에 의한 신체손상 등)

3.2.3. 의료기기 분야

가. 국내 품목허가

○ 정보출처, 신고사유, 제품명, 업체명, 주요 위험요인, 판매처 등 상세정보 확인(해당 정보가 있는 경우)

○ 정보에서 확인된 위해제품의 제조·수입허가(인증·신고) 사항 확인

※ 식의약행정시스템(행정포털) 중 의료기기안전관리시스템

나. 국내 규정 및 기준규격

○ 식약처 홈페이지>법령·자료>법령정보>법·시행령·시행규칙 또는 고시전문 등

분류	관련 규정
의료기기	「의료기기법」, 이 법 시행령 및 시행규칙 등

다. 관련정보 이력

○ 제품명이 명확한 경우, 3개월 이내에 수집된 유사 정보 유무 확인

라. 주요 위험요인 정보

○ 제품결함(기능 고장, 오작동, 불량포장 등)

○ 유해물질(방사성물질 등)

○ 이상사례(임상증상)

○ 부정 광고/표시(무허가 의료효능 표방 등)

○ 불법제품(무허가 위조품 등)

○ 회수의심제품 유통

○ 기타(사용상 부주의에 의한 신체손상 등)

3.2.4. 화장품 분야

가. 신고한 제품의 상세정보

○ 정보출처, 신고사유, 제품명, 업체명, 주요 위험요인, 판매처 등 상세정보 확인(해당 정보가 있는 경우)

○ 소비자에게 주의가 필요한 정보인지 검토

나. 인체위해성 물질별 인허가 및 기준

○ 국내 기준규격

분류	관련 규정
기능성 화장품	「기능성화장품 기준 및 시험방법」
일반 화장품	「화장품 안전기준 등에 관한 규정」
화장품 색소	「화장품의 색소 종류와 기준 및 시험방법」

다. 관련정보 이력

○ 제품명이 명확한 경우, 3개월 이내에 수집된 유사 정보가 있었는지 확인

라. 주요 위험요인 정보

○ 제품결함(부패, 변질, 포장 손상 등)

○ 이물혼입(금속성, 플라스틱성, 동물성, 식물성 등)

○ 유해물질(발암물질, 유해색소, 감작성 물질 등)

○ 이상사례(임상증상)

○ 불법제품(위조품 등)

○ 회수의심제품 유통

○ 부정 광고/표시(무허가 기능 또는 의약품 효능 표방 등)

○ 기타(사용상 부주의에 의한 신체손상 등)

3.2.5. 위생용품 분야

가. 신고한 제품의 상세정보

　○ 정보출처, 신고사유, 제품명, 업체명, 주요 위험요인, 판매처 등 상세정보 검토(해당 정보가 있는 경우)

　○ 소비자에게 주의가 필요한 정보인지 검토

나. 인체위해성 물질별 인허가 및 기준

　○ 국내 법령 및 기준규격

분류	관련 규정
표시	「위생용품의 표시기준」
위생용품	「위생용품법」, 「위생용품의 기준 및 규격」 등

다. 관련정보 이력

　○ 제품명이 명확한 경우, 3개월 이내에 수집된 유사 정보 유무 확인

라. 주요 위험요인 정보

　○ 제품결함
　○ 이물혼입
　○ 유해물질
　○ 이상사례
　○ 부정 광고/표시
　○ 불법제품(위조품 등)
　○ 회수의심제품 유통
　○ 기타(사용상 부주의에 의한 신체손상 등)

4 위해정보 분류 및 제공

4.1. 정보등급 분류 및 제공

○ 일일수집한 모든 정보는 식품(식품, 식품첨가물, 기구용기, 농·축·수산물, 수입식품, 건강기능식품)·의료제품(의약품, 의약외품, 의료기기, 화장품), 위생용품별로 정보등급을 분류하고 관련부서에 공유

< 식품·의료제품 정보 분류 >

정보분류	정 의	공 유	비 고
주요정보	■ 관련 부서의 즉각적인 사건조사 및 행정조치 필요성 검토 정보 * 사업부서의 조치 시 한국소비자원 사전협의 필요	■ 사업부서 위해정보담당관에게 관련 정보 내용 일일 공유	■'CISS 위해정보 일일상황보고' 및 CISS 세부정보 일일 공유
참고정보	■ 관련 부서의 안전관리(지도·점검, 실태조사 등) 업무에 참고할 수 있는 정보 ① 제조사·제품명이 명확한 화장품 및 건강기능식품의 이상사례 정보 ② 제조사·제품명이 명확한 제품의 이상사례, 신체손상, 식중독 증상(인터넷 쇼핑몰, 편의점, 마트 등 판매사가 있는 경우) 정보	■ 사업부서 위해정보담당관에게 관련 정보 내용 일일 공유, 필요 시 동향 분석 정보 제공	■'CISS 위해정보 일일상황보고' 및 CISS 세부정보 일일 공유
제외정보	■ 관련 부서가 업무에 참고할 수 있는 정보가 부족한 신고 ① 소비자 사용오류로 인한 신체 손상으로 병원 진료 사례 ② 제품의 단순 결함 ③ 제품명 등이 확인되지 않는 식중독 증상 및 이상사례 발생으로 내원 사례(식당 등)	■ 사업부서 위해정보담당관에게 관련 정보 내용 일일 공유, 필요 시 동향 분석 정보 제공	■ CISS 세부정보 일일 공유

5 위해정보 관리

5.1. 정보 활용결과 관리

○ 일일 CISS 위해정보를 위해정보관리시스템에 DB 관리

○ 사업부서는 공유정보 활용결과를 주기적(분기별·반기별)으로 제출

Ⅲ 별첨자료

[별첨 1] 주요용어 정리

○ **위해정보**
식품 및 의료제품의 안전과 직·간접적으로 관련되어, 국제기구, 국가기관, 언론매체 등이 발표한 정보

○ **위해정보 등급단계**
① 긴급정보 : 위기경보 발령, 상황점검회의 및 긴급대응회의 등 긴급한 대응 또는 여러 부서의 유기적이고 즉각적인 대응이 필요한 정보
② 관심정보 : 위해정보 관련 기관(부서)의 인지가 필요한 정보 및 국내 허가·유통 제품의 신속한 조치가 필요할 것으로 판단된 정보
③ 참고정보 : 위해정보 관련 기관(부서)의 업무수행에 참고가 되는 정보

○ **위해정보담당관**
긴급한 위해정보가 수집된 경우 관련 기관(부서)에 해당 정보를 문자·유선 등을 통해 신속히 전파하는 공무원으로서 각 부서별로 2명 이상 지정

○ **정보분석**
식품 및 의약품 등 안전과 관련된 위해정보를 적극적으로 수집하고 중요도, 심각성, 시급성, 민감성, 확산 정도 등을 검토·분석하여 사실 확인, 평가 분석하는 과정(긴급정보, 관심정보, 참고정보로 분류)

○ **관련기관(부서)**
- 해당 위해정보에 대한 위해정보관리활동에 있어 주된 책임을 지고, 위해정보대응 활동을 주도하고 관장하는 기관(부서)
- 해당 위해정보에 대한 위해정보관리활동에 있어 주관부서의 활동을 지원하고 협조하는 중앙행정기관 및 지방자치단체 등의 기관(부서)

[별첨 2] 식품·위생용품(일회용 컵·숟가락·젓가락·빨대 등) 온라인정보 검색사이트

연번	지역	국가 등	구분	기관명	사이트주소
1	대한민국	대한민국	정부 등	식품의약품안전처	http://www.mfds.go.kr/index.do
2				농림축산식품부	https://www.mafra.go.kr/home/index..do#none
3				농촌진흥청	http://www.rda.go.kr
4				국립농산물품질관리원	http://www.naqs.go.kr/index.jsp
5				해양수산부	http://www.mof.go.kr/
6				보건복지부	http://www.mohw.go.kr/react/index.jsp
7				한국농수산식품유통공사	http://www.at.or.kr
8				농림축산검역본부	http://www.qia.go.kr/
9				국립수산물품질관리원	http://www.nfqs.go.kr
10				한국소비자원	http://kca.go.kr
11			언론	연합뉴스	http://www.yonhapnews.co.kr
12				푸드투데이	http://www.foodtoday.co.kr/index.html
13				식품저널	http://www.foodnews.co.kr
14				식품음료신문(Think Food)	http://www.thinkfood.co.kr
15				한국농어민신문	http://agrinet.co.kr
16				농민신문	http://www.nongmin.com
17				메디컬투데이	http://www.mdtoday.co.kr/
18				보건뉴스	http://www.bokuennews.com
19				기능식품신문	http://www.nutradex.co.kr
20				식품외식경제신문	https://www.foodbank.co.kr
21			포털	네이버뉴스	http://news.naver.com/
22	국제기구	국제기구	정부 등	세계동물보건기구(WOAH)	https://www.woah.org/en/home/
23				세계보건기구(WHO)	http://www.who.int/en/
24				국제식품규격위원회(CODEX)	http://www.codexalimentarius.org/
25				국제암연구소(IARC)	http://www.iarc.fr/
26				유엔식량농업기구(FAO)	http://www.fao.org/news/en/
27	아시아	일본	정부 등	후생노동성(MHLW)	http://www.mhlw.go.jp/
28				소비자청(CAA)	http://www.caa.go.jp
29				식품안전위원회(FSC)	http://www.fsc.go.jp/
30				농림수산성(MAFF)	http://www.maff.go.jp/j/press/index.html
31				도쿄도	https://www.fukushihoken.metro.tokyo.lg.jp/shokuhin/
32				환경성	http://www.env.go.jp
33				원자력규제위원회	http://www.nsr.go.jp/
34				국립건강영양연구소	www.nih.go.jp/eiken
35				수산청	http://www.jfa.maff.go.jp
36				국민생활센터	http://www.kokusen.go.jp/
37			포털	일본 구글	http://news.google.co.jp
38				일본 야후	http://headlines.yahoo.co.jp
39		중국	정부 등	국가시장감독관리총국	http://www.samr.gov.cn/
40				베이징시 시장감독관리국	http://scjgj.beijing.gov.cn/
41				결함제품관리센터	https://www.dpac.org.cn/
42				농업농촌부	http://www.moa.gov.cn
43				해관총서	http://www.customs.gov.cn/
44				국가위생건강위원회	http://www.nhc.gov.cn/

연번	지역	국가 등	구분	기관명	사이트주소
45			언론	신화넷	http://www.news.cn/
46				인민넷	http://shipin.people.com.cn/
47				식품화반넷	http://www.foodmate.net/news/
48			기타	식품과기넷	http://www.tech-food.com/news/
49				중국품질뉴스넷	http://www.cqn.com.cn/
50			포털	중국 구글	http://news.google.com/news?ned=hk
51				식품환경위생서	http://www.fehd.gov.hk/tc_chi/index.html
52				환경생태국	https://www.eeb.gov.hk/tc/eeb_index.html
53				정부뉴스넷	http://www.news.gov.hk/tc/index.shtml
54		중국	정부 등	정부정보넷	http://www.isd.gov.hk/pr/chi/
55		(홍콩)		식품안전센터(CFS)	http://www.cfs.gov.hk/cindex.html
56				소비자위원회	https://www.consumer.org.hk/tc
57				위생서	https://www.dh.gov.hk/chs/index.html
58			언론	성도일보	https://std.stheadline.com/
59			포털	홍콩 야후	https://hk.news.yahoo.com/health/
60				홍콩 구글	http://news.google.com/news?ned=hk
61				식품약품소비자지식서비스넷	https://consumer.fda.gov.tw/
62				위생복지부 식품약물관리서	http://www.fda.gov.tw/TC/index.aspx
63			정부 등	타이페이 위생국	https://health.gov.taipei/Default.aspx
64				위생복지부	https://www.mohw.gov.tw/mp-1.html
65		대만		농업부	https://www.moa.gov.tw/show_index.php
66			언론	자유시보	http://www.ltn.com.tw/
67				Central News Agency (CNAnews)	http://www.cna.com.tw/
68			소비자 단체	대만 소비자문교기금회	https://www.consumers.org.tw/home.html
69			포털	대만 야후	http://tw.news.yahoo.com/health/
70				대만 구글	http://news.google.com/news?ned=tw
71				특별행정구 정부 뉴스국	http://www.gcs.gov.mo/
72		중국 (마카오)	정부 등	식품안전정보	http://www.foodsafety.gov.mo/c/info/default.aspx
73				위생국	http://www.ssm.gov.mo/portal/
74				식품안전국	https://vfa.gov.vn/
75				시장관리총국	https://dms.gov.vn/tin-tuc-su-kien
76			정부 등	수산총국(DOF)	https://tongcucthuysan.gov.vn/vi-vn
77				농업농촌개발부	https://mard.gov.vn/Pages/default.aspx
78		베트남		정부관보	https://baochinhphu.vn
79			언론	Bao Cong thuong	https://congthuong.vn/
80				Vietnam News	http://vietnamnews.vn
81			포털	베트남 구글	https://news.google.com/home?hl=vi&gl=VN&ceid=VN:vi
82		인도	정부 등	식품안전기준청(FSSAI)	http://www.fssai.gov.in/
83		싱가포르	정부 등	싱가포르 식품청(SFA)	https://www.sfa.gov.sg/
84				보건과학청(HSA)	https://www.hsa.gov.sg/
85				식품의약품청(FDA Thailand)	https://www.fda.moph.go.th/
86		태국	정부 등	공중보건부(MOPH)	https://pr.moph.go.th/index.php?url=main/index
87				농업협동부(MOAC)	https://www.moac.go.th/site-home

연번	지역	국가 등	구분	기관명	사이트주소
88				정부관보	https://ratchakitcha.soc.go.th/
89				국영통신(NNT)	https://thainews.prd.go.th/th/home/index
90			언론	Thairath	https://www.thairath.co.th/lifestyle/food/
91				Thai PBS	https://www.thaipbs.or.th/news
92			포털	태국 구글	https://news.google.com/home?hl=th&gl=TH&ceid=TH:th
93		필리핀	정부 등	필리핀 식품의약품청(FDA)	http://www.fda.gov.ph/
94				필리핀 농업부(DA)	http://www.da.gov.ph/
95		동남아	포털	동남아 구글	https://news.google.com
96	유럽	EU	정부 등	RASFF Portal	https://webgate.ec.europa.eu/rasff-window/screen/search
97				유럽식품안전청(EFSA)	http://www.efsa.europa.eu/
98				유럽관보(OJ EU)	https://eur-lex.europa.eu/oj/direct-access.html
99				유럽집행위원회 보건식품안전총국(DG-Sante)	https://food.ec.europa.eu/food-safety-news-0_en
100				유럽질병예방통제센터(ECDC)	https://www.ecdc.europa.eu/en
101				유럽의회	http://www.europarl.europa.eu/news/en/press-room
102			기타	Food Navigator-유럽	http://www.foodnavigator.com/
103				Nutra Ingredients-유럽	http://www.nutraingredients.com/
104		독일	정부 등	연방식품농업부(BMEL)	http://www.bmel.de/DE/Startseite/startseite_node.html
105				연방소비자보호식품안전청(BVL)	https://www.bvl.bund.de/DE/Home/home_node.html
106				연방위해평가원(BfR)	http://www.bfr.bund.de/
107				바덴뷔템베르크주 화학 및 수의약품 검사청(CVUA)	http://www.cvuas.de/pub/default.asp?Lang=DE
108				니더작센주 소비자보호 및 식품안전검사청(LAVES)	http://www.laves.niedersachsen.de/master/C827_L20_D0.html
109				바이에른주 보건식품안전청(LGL)	http://www.lgl.bayern.de/index.htm
110				라인란트 팔츠주 지방검사청(LUA)	http://www.lua.rlp.de/
111				막스루브너 연구소(MRI)	https://www.mri.bund.de/de/aktuelles/meldungen/
112			언론	농업포털(Topagrar)	http://www.topagrar.com/
113				CleanKids	http://www.cleankids.de/
114			소비자 단체	소비자센터연방연합(vzbv)	https://www.vzbv.de/themen/lebensmittel
115				독일 Foodwatch	http://foodwatch.de/
116				독일 그린피스	http://www.greenpeace.de/
117			기타	외코테스트(Oekotest)	http://www.oekotest.de/
118				독일 식품영양잡지	https://www.ernaehrungs-umschau.de/
119				독일 소비자회수정보포털	http://www.produktrueckrufe.de/
120				품질평가법인(Stiftung Warentest)	http://www.test.de/
121			포털	독일 구글	http://news.google.de/
122		벨기에	정부 등	연방식품안전청(AFSCA)	http://www.favv-afsca.fgov.be/
123				연방보건부	https://www.health.belgium.be/fr?moreNewsTopic=83&topicType=news&fodnlang=fr
124		스위스	정부 등	연방식품안전수의청(BLV)	https://www.blv.admin.ch/blv/de/home.html

연번	지역	국가 등	구분	기관명	사이트주소
125				연방농림청(BLW)	https://www.blw.admin.ch/blw/de/home.html
126			정부 등	식품안전영양청(AESAN)	https://www.aesan.gob.es/AECOSAN/web/home/aecosan_inicio.htm
127		스페인		농수산식품부(MAPA)	https://www.mapa.gob.es/es/
128			언론	라 방과르디아(La Vanguardia)	https://www.lavanguardia.com/
129			기타	아그로디히탈(Agrodigital)	http://www.agrodigital.com/
130			포털	스페인 구글	http://news.google.es
131				식품안전청(FSAI)	http://www.fsai.ie
132		아일랜드	정부 등	농수산식품부	http://www.agriculture.gov.ie/
133				아일랜드 보건부	http://health.gov.ie/
134				식품기준청(FSA)	http://www.food.gov.uk/
135				환경식품농촌부	https://www.gov.uk/government/organisations/department-for-environment-food-rural-affairs
136		영국	정부 등	보건안전국 (UK Health Security Agency)	https://www.gov.uk/government/organisations/uk-health-security-agency
137				보건사회복지부(DHSC)	https://www.gov.uk/government/organisations/department-of-health-and-social-care
138				스코틀랜드 식품기준청(FSS)	http://www.foodstandards.gov.scot/
139			언론	BBC News	http://news.bbc.co.uk/
140			포털	영국 구글	http://news.google.com/news?ned=uk
141				보건식품안전청(AGES)	http://www.ages.at/
142		오스트리아	정부 등	연방사회건강보건소비자보호부 (BMSGPK)	https://www.sozialministerium.at/
143				연방농림지역수자원부(BML)	https://www.bml.gv.at/
144				농업식량주권부	http://agriculture.gouv.fr/
145			정부 등	경쟁소비부정행위방지국(Dgccrf)	https://www.economie.gouv.fr/dgccrf
146				식품환경노동위생안전청(Anses)	http://www.anses.fr/
147				국립농업식품환경연구소(INRAE)	https://www.inrae.fr/presse
148				르 몽드(Le Monde)	http://www.lemonde.fr/
149		프랑스	언론	르 피가로(Le Figaro)	http://www.lefigaro.fr/
150				농민신문	http://www.lafranceagricole.fr/actualites/
151				소비자연합(UFC-Que Choisir)	http://www.quechoisir.org
152			소비자 단체	6천만소비자	http://www.60millions-mag.com/
153				소비자단체(CLCV)	https://www.clcv.org/
154			포털	프랑스 구글	https://news.google.com/home?hl=fr&gl=FR&ceid=FR:fr
155		핀란드	정부 등	핀란드 식품청	https://www.ruokavirasto.fi/en/
156				미국 식품의약품청(FDA)	http://www.fda.gov
157				식품안전검사국(FSIS)	http://www.fsis.usda.gov
158				질병통제예방센터(CDC)	http://www.cdc.gov
159				농무부(USDA)	http://www.usda.gov/
160	북미	미국	정부 등	캘리포니아주 공중보건부(CDPH)	http://www.cdph.ca.gov
161				동식물검역국(APHIS)	http://www.aphis.usda.gov
162				뉴욕주 농업유통부	https://www.agriculture.ny.gov/
163				소비자제품안전위원회(CPSC)	https://www.cpsc.gov/
164				보건복지부(HHS)	http://www.hhs.gov
165				환경보호청(EPA)	http://www.epa.gov

연번	지역	국가 등	구분	기관명	사이트주소
166				농업마케팅국(AMS)	https://www.ams.usda.gov/
167				연방정부 관보	http://www.federalregister.gov
168			소비자 단체	공익과학센터(CSPI)	http://www.cspinet.org
169				컨슈머리포트	https://www.consumerreports.org/
170			언론	Reuters(US)	http://www.reuters.com/
171			기타	Food Safety News	https://www.foodsafetynews.com/
172				Food Navigator-USA	http://www.foodnavigator-usa.com/
173				Nutra Ingredients-USA	http://www.nutraingredients-usa.com/
174			포털	미국 구글	https://news.google.com/home?hl=en-US&gl=US&ceid=US:en
175		캐나다	정부 등	연방보건부(Health Canada)	https://www.canada.ca/en/health-canada.html
176				식품검사청(CFIA)	https://inspection.canada.ca/eng/1297964599443/1297965645317
177				퀘벡주 농수산식품부	https://www.mapaq.gouv.qc.ca/fr/Consommation/rappelsaliments/Pages/consulterrappels.aspx
178				농업농식품부(AAFC)	https://agriculture.canada.ca/en
179				공중보건청(PHAC)	https://www.canada.ca/en/public-health.html
180			포털	캐나다 구글	https://news.google.com/home?hl=en-CA&gl=CA&ceid=CA:en
181		멕시코	정부 등	연방보건보호위원회(COFEPRIS)	https://www.gob.mx/cofepris
182				농식품위생품질청(SENASICA)	https://www.gob.mx/senasica/archivo/prensa?idiom=es
183				농업농촌개발부(SADER)	https://www.gob.mx/agricultura
184	중남미	볼리비아	정부 등	볼리비아 보건부	http://www.minsalud.gob.bo/
185		아르헨티나	정부 등	식품의약품의학기술청(ANMAT)	https://www.argentina.gob.ar/anmat
186				농축수산부	https://www.magyp.gob.ar/sitio/areas/prensa/vertodas.php
187				보건농식품품질국(SENASA)	https://www.argentina.gob.ar/senasa
188				산타페 지방 식품안전청(ASSAL)	https://www.assal.gov.ar/assal_principal/
189		칠레	정부 등	보건부	http://www.minsal.cl/
190		콜롬비아	정부 등	식품의약품감시청(INMMA)	https://www.invima.gov.co
191		파나마	정부 등	파나마 보건부	http://www.minsa.gob.pa/
192		페루	정부 등	페루 보건부	https://www.gob.pe/minsa/
193				페루 농업관개부	https://www.gob.pe/midagri
194		호주	정부 등	호주뉴질랜드 식품기준청(FSANZ)	https://www.foodstandards.gov.au/
195				연방의료제품청(TGA)	https://www.tga.gov.au/
196				농림수산부(DAFF)	https://www.agriculture.gov.au/
197	오세아니아			호주경쟁소비자위원회(ACCC)	https://www.accc.gov.au/
198				농약동물용의약품청(APVMA)	https://www.apvma.gov.au/
199			소비자 단체	초이스(Choice)	http://www.choice.com.au/
200		뉴질랜드	정부 등	일차산업부(MPI)	http://www.mpi.govt.nz/
201				환경보호청(EPA)	https://www.epa.govt.nz/
202			포털	뉴질랜드 구글	https://news.google.com/home?hl=en-NZ&gl=NZ&ceid=NZ:en

* 필리핀 식품의약품청, 미등록 식품 및 식이보충제 주의 경고 정보 수집 제외

[별첨 3] 의료제품 온라인정보 검색사이트

연번	지역	국가 등	구분	기관명	사이트주소
1	국내	대한민국	정부 및 공공기관	식품의약품안전처	http://www.mfds.go.kr
2				보건복지부	http://www.mw.go.kr
3				질병관리본부	http://www.cdc.go.kr
4				환경부	http://www.me.go.kr/
5				한국보건산업진흥원	http://www.khidi.or.kr
6				대한화장품협회	http://www.kcia.or.kr
7				한국의료기기산업협회	http://www.kmdia.or.kr
8				한국제약협회	http://www.kpma.or.kr
9				한국의약품수출입협회	http://www.kpta.or.kr
10				한국다국적의약산업협회	http://www.krpia.or.kr
11			소비자 단체	한국소비자원	http://www.kca.go.kr
12				건강사회를 위한 약사회	http://www.pharmacist.or.kr/webapps/main/main.do
13				소비자시민모임	http://www.cacpk.org/main_index.php
14				소비자리포트	http://sobijareport.org/main.php
15			언론계	메디컬트리뷴	http://www.medical-tribune.co.kr
16				데일리메디	http://www.dailymedi.com
17				헬스코리아뉴스	http://www.hkn24.com
18				메디게이트뉴스	http://www.medigatenews.com
19				E-헬스통신	http://www.e-healthnews.com
20				보건타임즈	http://www.bktimes.net
21				의학신문	http://www.bosa.co.kr
22				메디컬투데이	http://www.mdtoday.co.kr
23				약업신문	http://www.yakup.com
24				데일리팜	http://www.dreamdrug.com
25				의약뉴스	http://www.newsmp.com
26				사이언스엠디	http://www.sciencemd.com
27				메디파나뉴스	http://www.medipana.com
28				메디포뉴스	http://www.medifonews.com/
29				장업신문	http://jangup.com
30				뷰티경제	http://thebk.co.kr
31				연합뉴스	http://www.yonhapnews.co.kr
32				YTN news	http://www.ytn.co.kr
33				소비자가만드는신문	http://www.consumernews.co.kr/main.html
34			포털	네이버뉴스	http://news.naver.com
35				구글뉴스	http://news.google.co.kr
36	국제기구	국제기구	정부 및 공공기관	국제연합 경제사회국 간행물	http://www.un.org/esa/coordination/public.htm
37				세계보건기구(WHO)	http://www.who.int
38				국제의약품모니터링센터	http://www.who-umc.org
39				국제암연구소(IARC)	http://www.iarc.fr/
40				의약품 규제조화국제회의(ICH)	http://www.ich.org/

연번	지역	국가 등	구분	기관명	사이트주소
41				팬아메리카보건기구(PAHO)	http://www.paho.org
42			정부 및 공공기관	일본 의약품의료기기종합기구	http://www.pmda.go.jp/
43				일본 후생노동성	http://www.mhlw.go.jp
44				일본 경제산업성	http://www.meti.go.jp
45				일본 국립의약품식품위생연구소	http://www.nihs.go.jp/index-j.html
46				일본 국민생활센터	http://www.kokusen.go.jp/
47				일본 의약품정보센터(JAPIC)	http://www.japic.or.jp
48		일본	언론계	일본 야후뉴스	http://headlines.yahoo.co.jp
49				일본 구글뉴스	http://news.google.co.jp
50				일본 goo뉴스(건강관련)	http://news.goo.ne.jp/life/health/
51				일본 닛케이 메디컬	http://medical.nikkeibp.co.jp
52				일본 약사일보	http://www.yakuji.co.jp
53				일본 CB News	http://www.cabrain.net/news
54				일본 케어 매니지먼트(복지용품 관련)	http://www.caremanagement.jp/?action_news_index=true
55	아시아			일본 mixonline	http://www.mixonline.jp/
56			정부 및 공공기관	중국 국가약품감독관리국(NMPA)	https://www.nmpa.gov.cn/
57				중국 국가시장감독관리총국	http://www.samr.gov.cn/
58				중국 인민공화국 국가위생건강위원회	http://www.nhc.gov.cn/
59				중화인민공화국 중앙인민정부	http://www.gov.cn/
60				국가중의약관리국	http://www.satcm.gov.cn/
61		중국		중화인민공화국 해관총서	http://www.customs.gov.cn/customs/index/index.html
62			언론계	중국 신화넷(보건)	http://www.xinhuanet.com
63				중국 품질뉴스넷	http://www.cqn.com.cn/news/xfpd/xfjs/ypqx/index.html
64				인민넷(건강)	http://health.people.com.cn/
65			포털	바이두	http://www.baidu.com
66			정부 및 공공기관	대만 위생복리부	http://www.mohw.gov.tw/CHT/Ministry/Index.aspx
67				대만 위생복리부 식품약물관리서	http://www.fda.gov.tw
68		대만		대만 위생복리부 중의약사	https://dep.mohw.gov.tw/docmap/mp-108.html
69				대만 타이베이시 정부 위생국	http://www.health.gov.tw
70			언론계	대만 Central News Agency	https://www.cna.com.tw/
71			포털	대만 구글	https://www.google.com.tw/?gws_rd=ssl
72			정부 및 공공기관	홍콩 정부뉴스넷	http://sc.info.gov.hk/gb/www.news.gov.hk/tc/index.shtml
73				홍콩 위생서	http://www.dh.gov.hk
74		홍콩		홍콩 소비자위원회	http://www.consumer.org.hk/website/ws_chi/
75				홍콩 중의약관리위원회	http://www.cmchk.org.hk
76				홍콩 위생방호센터	http://www.chp.gov.hk/tc/cindex.html
77			포털	홍콩 구글	http://news.google.com/news?ned=hk
78		마카오	정부 및 공공기관	마카오 위생국	http://www.ssm.gov.mo/portal/
79		싱가포르	정부 및 공공기관	싱가포르 보건과학청(HSA)	http://www.hsa.gov.sg/announcement
80	북미	미국	정부 및 공공기관	미국 식품의약청(FDA)	http://www.fda.gov
81				미국 보건복지부(HHS)	http://www.hhs.gov

연번	지역	국가 등	구분	기관명	사이트주소
82				미국국립알레르기감염질환연구소	http://www.niaid.nih.gov
83				미국 소비자제품안전위원회	http://www.cpsc.gov/index.html
84				미국 질병통제예방센터(CDC)	http://www.cdc.gov
85				메디라인플러스	http://medlineplus.gov/
86				미국 보건복지부 산하 헬스파인더	http://www.healthfinder.gov/
87				미국 환경보호청	http://www.epa.gov
88				미국 회수 업데이트	http://www.recalls.gov/index.html
89			소비자 단체	안전한화장품 캠페인	http://www.safecosmetics.org/
90				미국 퍼블릭시티즌	http://www.citizen.org/hrg
91			언론계	구글 뉴스	http://news.google.com/
92				헬스데이뉴스	http://www.healthday.com/
93				CNN(건강)	http://edition.cnn.com/health
94				Reuters(건강)	http://www.reuters.com/health
95				북미 화장품제형 포장 뉴스	http://www.cosmeticsdesign.com/
96		캐나다	정부 및 공공기관	캐나다 연방보건부(Health Canada)	http://www.hc-sc.gc.ca
97					
97			포털	구글 캐나다(건강)	http://news.google.ca/
98	유럽	EU	정부 및 공공기관	유럽 의약품청(EMA)	http://www.ema.europa.eu
99				유럽 인체의약품 상호인정절차 및 비단일 절차 조정그룹(CMDh)	https://www.hma.eu/cmdh.html
100				유럽 연합(EU)	https://europa.eu/european-union/topics/health_en
101 - 102				유럽 집행위원회(EC)	http://ec.europa.eu/health http://ec.europa.eu/health/scientific_committees/all_opinions/index_en.htm
103				유럽 집행위원회(EC) Safety Gate portal [위험한 제품(식품 제외) 신속경보 시스템]	https://ec.europa.eu/safety-gate-alerts/
104				유럽 의약품품질위원회 (EDQM)	http://www.edqm.eu/en/
105				유럽질병예방통제센터(ECDC)	http://www.ecdc.europa.eu/en/Pages/home.aspx
106			언론계	유럽 화장품제형 포장 뉴스	http://www.cosmeticsdesign-europe.com/
107			기타	유럽 화장품 협회	https://www.cosmeticseurope.eu/
108		아일랜드	정부 및 공공기관	아일랜드 건강제품규제청(HPRA)	http://www.hpra.ie
109		영국	정부 및 공공기관	영국 의약품건강관리제품규제청(MHRA)	https://www.gov.uk/government/organisations/medicines-and-healthcare-products-regulatory-agency
110				영국 중앙경보시스템	https://www.cas.mhra.gov.uk/Home.aspx
111			언론계	BBC 뉴스(건강)	http://www.bbc.com/news/health
112		독일	정부 및 공공기관	독일 연방의약품의료기기연구원(BfArM)	http://www.bfarm.de
113				독일 로베르트코흐연구원(RKI)	http://www.rki.de/
114				독일 연방생물의약품평가원(PEI)	http://www.pei.de
115				독일 연방위해평가원(BfR)	http://www.bfr.bund.de/

연번	지역	국가 등	구분	기관명	사이트주소
116				독일 연방보건부(BMG)	http://www.bmg.bund.de
117				독일 연방식품농업부(BMEL)	http://www.bmel.de/
118				독일 연방소비자보호식품안전청(BVL)	http://www.bvl.bund.de/
119				독일 lebensmittelwarnung.de(연방주 및 BVL 포털)	https://www.lebensmittelwarnung.de/bvl-lmw-de/liste/alle/deutschlandweit/10/0
120				독일 외코테스트	http://www.oekotest.de/
121				독일 아포테케 아트호크	http://www.apotheke-adhoc.de
122			언론계	독일 약학신문	http://pharmazeutische-zeitung.de
123				독일 의사지	http://aerzteblatt.de
124				독일 약사신문	http://www.deutsche-apotheker-zeitung.de
125				독일 슈피겔 온라인(건강)	http://www.spiegel.de/gesundheit/
126			포털	독일 구글뉴스(건강)	http://news.google.de/news/section?pz=1&cf=all&ned=de&topic=m&ict=ln
127				독일 DrugBase	http://www.drugbase.de/
128			기타	독일 소비자 화수정보 포털	http://www.produktrueckrufe.de/
129				독일 의사협회 의약품위원회(AkdÄ)	http://www.akdae.de
130				독일 슈티프통 바렌테스트	http://www.test.de
131		스위스	정부 및 공공기관	스위스 의약품청(Swissmedic)	http://www.swissmedic.ch
132				스위스 연방보건청(BAG)	http://www.bag.admin.ch
133				스위스 연방식품안전수의청(BLV)	http://www.blv.admin.ch/
134			정부 및 공공기관	프랑스 국립의약품건강제품안전청(ANSM)	http://ansm.sante.fr/?UserSpace=default
135				프랑스 경쟁소비부정행위방지국(Dgccrf)	https://www.economie.gouv.fr/dgccrf
136		프랑스	포털	구글프랑스(건강)	http://news.google.fr
137			언론계	르피가로(건강)	http://sante.lefigaro.fr
138				Pourquoi Docteur	https://www.pourquoidocteur.fr/
139			정부 및 공공기관	스페인 의약품의료제품청(AEMPS)	http://aemps.gob.es
140				이베로아메리카 의약품당국망(EAMI)	http://www.redeami.net
141		스페인		엘빠이스(건강)	http://www.elpais.com
142			언론계	엘문도(건강)	https://www.elmundo.es/
143				IMMedico	https://www.immedicohospitalario.es/
144				ABC(건강)	https://www.abc.es/salud/
145			포털	구글스페인(건강)	http://news.google.es
146	오세아니아	호주	정부 및 공공기관	호주 연방의료제품청(TGA)	http://www.tga.gov.au
147				호주경쟁소비자위원회(ACCC)	http://www.recalls.gov.au
149			언론계	호주 신문	http://www.theaustralian.news.com.au/
150				뉴질랜드 의약품의료기기안전청(MedSafe)	http://www.medsafe.govt.nz/
151		뉴질랜드	정부 및 공공기관	뉴질랜드 보건부	http://pharmac.health.govt.nz/news-media
152				뉴질랜드 제품회수	http://www.consumer.org.nz/recalls
153	중남미		정부 및 공공기관	아르헨티나 식품의약품의학기술청(ANMAT)	http://www.anmat.go.ar
154		아르헨티나	언론계	라나시온(건강)	http://www.lanacion.com.ar
155				클라린(건강)	https://www.clarin.com/tema/salud.html

연번	지역	국가 등	구분	기관명	사이트주소
156		칠레	정부 및 공공기관	칠레 국립의약품청(ANAMED)	http://www.ispch.cl/anamed
157				칠레 보건부	https://www.minsal.cl/
158			언론계	라떼르세라(건강)	http://www.latercera.com
159		콜롬비아	정부 및 공공기관	콜롬비아 식품의약품감시(INVIMA)	http://www.invima.gov.co
160			언론계	엘띠엠뽀(건강)	http://www.eltiempo.com
161		멕시코	정부 및 공공기관	멕시코 연방보건위해방지보호위원회(COFEPRIS)	http://www.gob.mx/cofepris
162			언론계	엘우니베르살(건강)	http://www.eluniversal.com.mx
163		파나마	정부 및 공공기관	파나마 국립약학약품국	http://minsa.gob.pa
164			언론계	라쁘렌사(건강)	http://www.prensa.com
165		페루	정부 및 공공기관	페루 의약품총국(DIGEMID)	http://www.digemid.minsa.gob.pe

[별첨 4] 위생용품(화장지, 일회용 면봉, 일회용 기저귀, 일회용 팬티라이너) 온라인정보 검색사이트

연번	지역	국가 등	구분	기관명	사이트주소
1	국내	대한민국	정부 및 공공기관	식품의약품안전처	http://www.mfds.go.kr
2				보건복지부	http://www.mw.go.kr
3				국가기술표준원	http://www.kats.go.kr
4				산업통상자원부	http://www.moti.go.kr
5			소비자단체	한국소비자원	http://www.kca.go.kr
6				소비자시민모임	http://www.cacpk.org/main_index.php
7				소비자리포트	http://sobijareport.org/main.php
8			언론계	메디컬트리뷴	http://www.medical-tribune.co.kr
9				데일리메디	http://www.dailymedi.com
10				헬스코리아뉴스	http://www.hkn24.com
11				메디게이트뉴스	http://www.medigatenews.com
12				E-헬스통신	http://www.e-healthnews.com
13				보건타임즈	http://www.bktimes.net
14				일간보사	http://www.bosa.co.kr
15				메디컬투데이	http://www.mdtoday.co.kr
16				약업신문	http://www.yakup.com
17				데일리팜	http://www.dreamdrug.com
18				의약뉴스	http://www.newsmp.com
19				메디신문	http://www.medipaper.com
20				사이언스엠디	http://www.sciencemd.com
21				메디파나뉴스	http://www.medipana.com
22				메디포뉴스	http://www.medifonews.com/
23				연합뉴스	http://www.yonhapnews.co.kr
24				YTN news	http://www.ytn.co.kr
25				소비자가만드는신문	http://www.consumernews.co.kr/main.html
26			포털	네이버뉴스	http://news.naver.com
27				구글뉴스	http://news.google.co.kr
28	아시아	일본	정부 및 공공기관	일본 소비자청	http://www.caa.go.jp
29				일본 후생노동성	http://www.mhlw.go.jp
30				일본 경제산업성	http://www.meti.go.jp
31			언론계	일본 구글뉴스	http://news.google.co.jp
32				일본 goo뉴스(건강관련)	http://news.goo.ne.jp/life/health/
33				일본 야후뉴스	http://news.yahoo.co.jp/list/?t=medical_issues
34				일본 아사히 신문	http://apital.asahi.com/article/news/index.html
35				일본 요미우리 신문	http://www.yomidr.yomiuri.co.jp/page.jsp?id=257
36				일본 산케이 신문	http://www.caremanagement.jp/?action_news_index=true
37				일본 mixonline	http://www.mixonline.jp/
38		중국	정부 및 공공기관	중국 국가시장감독관리총국 결함제품관리센터	https://www.dpac.org.cn/
39				중국 국가시장감독관리총국	http://www.samr.gov.cn/
40				베이징시 시장감독관리국	http://scjgj.beijing.gov.cn/zwxx/
41				장쑤성 시장감독관리국	http://scjgj.jiangsu.gov.cn/
42				중국 공업정보화부	http://www.miit.gov.cn
43				중국 국가위생건강위원회	http://www.nhc.gov.cn/
44				중국 중앙인민정부	http://www.gov.cn/
45			언론계	중국 신화넷(보건)	http://www.xinhuanet.com
46				중국 품질뉴스넷	http://www.cqn.com.cn/news/xfpd/xfjs/ypqx/index.html
47				인민넷(건강)	http://health.people.com.cn/
48			포털	바이두	http://www.baidu.com
49		대만	정부 및 공공기관	대만 위생복리부	http://www.mohw.gov.tw/CHT/Ministry/Index.aspx
50				대만 타이베이시 정부 위생국	http://www.health.gov.tw

연번	지역	국가 등	구분	기관명	사이트주소
51			언론계	대만 Central News Agency	https://www.cna.com.tw/
52			포털	대만 구글	https://www.google.com.tw/?gws_rd=ssl
53		홍콩	정부 및 공공기관	홍콩 정부뉴스넷	http://sc.info.gov.hk/gb/www.news.gov.hk/tc/index.shtml
54				홍콩 위생서	http://www.dh.gov.hk
55				홍콩 소비자위원회	http://www.consumer.org.hk/website/ws_chi/
56				홍콩 식품환경위생서	http://www.fehd.gov.hk/tc_chi/index.html
57				홍콩 위생방호센터	http://www.chp.gov.hk/tc/cindex.html
58			포털	홍콩 구글	http://news.google.com/news?ned=hk
59		마카오	정부 및 공공기관	마카오 위생국	http://www.ssm.gov.mo/portal/
60		싱가포르	정부 및 공공기관	싱가포르 보건과학청(HSA)	http://www.hsa.gov.sg/announcement
61	북미	미국	정부 및 공공기관	미국 소비자제품안전위원회	http://www.cpsc.gov/index.html
62				미국 회수 업데이트	http://www.recalls.gov/index.html
63				미국 식품의약품안전청 (FDA_의료기기, 소비자 뉴스)	http://www.fda.gov
64			포털	구글 뉴스	http://news.google.com/
65			언론	CNN(건강)	http://edition.cnn.com/health
66				Reuters(건강)	http://www.reuters.com/health
67		캐나다	정부 및 공공기관	캐나다 연방보건부(Health Canada)	http://www.hc-sc.gc.ca
68			언론계	캐나다 뉴스	http://www.canada.com/
69			포털	구글 캐나다(건강)	http://news.google.ca/
70	유럽	EU	정부 및 공공기관	유럽 연합(EU)	http://europa.eu
71				유럽 집행위원회(EC)	http://ec.europa.eu/health http://ec.europa.eu/health/scientific_committees/all_opinions/index_en.htm
72				유럽 집행위원회(EC) Safety Gate portal [위험 제품(식품 제외) 신속경보]	https://ec.europa.eu/safety-gate-alerts/
73				유럽화학물질청(ECHA)	https://echa.europa.eu
74		아일랜드	정부 및 공공기관	아일랜드 건강제품규제청(HPRA)	http://www.hpra.ie
75		영국	정부 및 공공기관	영국 의약품건강관리제품규제청(MHRA)	https://www.gov.uk/government/organisations/medicines-and-healthcare-products-regulatory-agency
76				영국 보건부	https://www.gov.uk/government/organisations/department-of-health-and-social-care
77				영국보건부(중앙경보시스템)	https://www.cas.mhra.gov.uk/Home.aspx
78				영국 공공보건청	https://www.gov.uk/government/organisations/public-health-england
79			언론계	BBC 뉴스(건강)	http://www.bbc.com/news/health
80			포털	영국 구글뉴스	http://news.google.com/news?ned=uk
81		독일	정부 및 공공기관	독일 연방위해평가원(BfR)	http://www.bfr.bund.de
82				독일 연방식품농업부(BMEL)	http://www.bmel.de/DE/Presse/Pressemitteilungen/pressemitteilungen_node.html
83				독일 연방소비자보호식품안전청(BVL)	http://www.bvl.bund.de
84				독일 lebensmittelwarnung.de(연방주 및 BVL 포털)	https://www.lebensmittelwarnung.de/bvl-lmw-de/liste/alle/deutschlandweit/10/0
85			언론계	독일 외코테스트	http://www.oekotest.de/
86				독일 아포테케 아트호크	http://www.apotheke-adhoc.de
87				독일 슈피겔 온라인(건강)	http://www.spiegel.de/gesundheit/
88			포털	독일 구글뉴스(건강)	http://news.google.de/news/section?pz=1&cf=all&ned=de&topic=m&ict=ln
89			기타	독일 소비자 회수정보 포털	http://www.produktrueckrufe.de/
90				독일 슈티프퉁 바렌테스트	http://www.test.de/

연번	지역	국가 등	구분	기관명	사이트주소
91		스위스	정부 및 공공기관	스위스 연방식품안전수의청BLV	https://www.blv.admin.ch/blv/de/home/gebrauchsgegenstaende/rueckrufe-und-oeffentliche-warnungen.html
92		프랑스	정부 및 공공기관	프랑스 식품환경노동위생안전청(Anses)	http://www.anses.fr/
93				프랑스 경쟁소비부정행위방지국(Dgccrf)	https://www.economie.gouv.fr/dgccrf
94			포털	구글프랑스(건강)	http://news.google.fr
95			소비자단체	프랑스 6천만소비자	http://www.60millions-mag.com/
96			언론계	르피가로(건강)	http://sante.lefigaro.fr
97		스페인	정부 및 공공기관	스페인 식품소비안전영양청(AECOSAN)	http://www.aecosan.msssi.gob.es/
98			언론계	엘빠이스(건강)	http://www.elpais.com
99				엘문도(건강)	https://www.elmundo.es
100				IMMedico	https://www.immedicohospitalario.es/
101				라 방과르디아(La Vanguardia)	https://www.lavanguardia.com/
102				ABC(건강)	https://www.abc.es/salud/
103			포털	구글스페인(건강)	http://news.google.es
104	오세아니아	호주	정부 및 공공기관	호주 연방의료제품청(TGA)	http://www.tga.gov.au
105				호주제품회수	http://www.recalls.gov.au
106				호주경쟁소비자위원회(ACCC)	https://www.accc.gov.au/
107			언론계	호주 신문	http://www.theaustralian.news.com.au/
108		뉴질랜드	정부 및 공공기관	뉴질랜드 보건부	http://www.health.govt.nz/news-media
109				뉴질랜드 제품회수	http://www.consumer.org.nz/recalls
110			포털	구글 뉴질랜드	http://news.google.com/nwshp?hl=en&tab=nz
111	중남미	아르헨티나	정부 및 공공기관	아르헨티나 식품의학품의학기술청(ANMAT)	http://www.anmat.go.ar
112				아르헨티나 공식 관보	https://www.boletinoficial.gob.ar
113			언론계	라나시온(건강)	http://www.lanacion.com.ar
114				클라린(건강)	https://www.clarin.com/tema/salud.html
115		칠레	정부 및 공공기관	칠레 국립의약품청(ANAMED)	http://www.ispch.cl/anamed
116				칠레 보건부	https://www.minsal.cl/
117			언론계	라떼르세라(건강)	http://www.latercera.com
118		콜롬비아	정부 및 공공기관	콜롬비아 식품의약품감시청(INVIMA)	http://www.invima.gov.co
119			언론계	엘띠엠뽀(건강)	http://www.eltiempo.com
120		멕시코	정부 및 공공기관	멕시코 연방보건해방지보호위원회(COFEPRIS)	http://www.gob.mx/cofepris
121			언론계	엘우니베르살(건강)	http://www.eluniversal.com.mx
122		파나마	정부 및 공공기관	파나마 국립약학약품국	http://minsa.gob.pa
123			언론계	라쁘렌사(건강)	http://www.prensa.com
124		페루	정부 및 공공기관	페루 의약품총국(DIGEMID)	http://www.digemid.minsa.gob.pe
125				페루 보건부	http://www.gob.pe/minsa

[별첨 5] 식품 온라인정보 검색어

연번	한국어	영어	일본어	중국어	프랑스어	독일어	스페인어	베트남어	태국어
1	식품	food	食品	食品	aliment/ agroaliment/ denrées alimentaires	Lebensmittel / Nahrungs mittel	alimentos	thực phẩm	อาหาร
2	안전 (식품안전)	food safety	安全	食品安全	sécurité	Lebensmittel - sicherheit	seguridad alimentaria	an toàn(an toàn thực phẩm)	ความปลอดภัย อาหาร
3	위생 (식품위생)	food hygiene	衛生	食品卫生	hygiène sanitaire	Lebensmittel - hygiene	higiene alimentaria	vệ sinh(vệ sinh thực phẩm)	สุขลักษณะ
4	검사/조사	food inspection /food investigation	検査	检查/调查	evaluer/ev aluation/s urveillance /évaluation des risques	Untersuch ung/ Studie/ Überwach ung	investigación	kiểm tra thực phẩm	ตรวจสอบ /ทดสอบ
5	검출	food detect/fou nd	検出	检出/查获	détectecti on	detektiert/ gefunden/ entdeckt/ nachgewi esen	detectado	phát hiện nhiễm độc thực phẩm	ตรวจพบ
6	회수	food recall	回収	下架/回收/ 召回	rappel	(Lebensmittel) Rückruf	retirada de venta/ retiro/ decomiso	thu hồi thực phẩm	เรียกคืน
7	발생	outbreak	発生	发生	déclenche ment/irrup tion/ attaque	Ausbruch/ ausgebroc hen	brote	phát sinh	ระบาด/เกิด
8	금지	food ban/ food prohibition	禁止	禁止	interdit/ malveillan ce(위반)	verboten/ Beschlagn ahme	prohibido/ prohibición	thực phẩm cấm	อาหารที่ถูกแบ น/ห้ามขาย
9	오염 (물질)	contaminant	汚染	污染	contamina tion	Kontamination / verunreinigt	sustancia contaminante	chất gây ô nhiễm	สารปนเปื้อน
10	(잔류) 농약	pesticide	農薬	(残留) 农药	pesticide	Pestizid/ Pflanzen- schutzmittel	pesticidas / insecticida	thuốc bảo vệ thực vật	สารพิษตกค้าง

연번	한국어	영어	일본어	중국어	프랑스어	독일어	스페인어	베트남어	태국어
11	수의약품 (동물용의약품)	veterinary drug	動物用医薬品	兽药	médicaments vétérinaires	Tierarznei mittel	medicamento veterinario	thuốc thú y	ยาสตว
12	첨가물	food additives	添加物	食品添加剂/食品添加物	additif	Lebensmittel Zusatzstoff	aditivo alimenticio	phụ gia thực phẩm	วัตถุเจือปนอาหาร
13	항생제	food antibiotic/ food antimicrobial	抗生剤	抗菌素	Antibiotique	Antimikrobiell	antibiótico	kháng sinh thực phẩm/ kháng khuẩn thực phẩm	ยาปฏิชีวนะ
14	E.coli	E.coli	大腸菌	大肠菌	E.coli	E.coli	E.coli	khuẩn E.coli	เชื้ออีโคไล
15	살모넬라	salmonella	サルモネラ	沙门氏菌	salmonella	Salmonellen	salmonella	khuẩn salmonella	ซาลโมเนลลา
16	리스테리아	listeria	リステリア	李氏杆菌	listériose	Listerien	listeria	khuẩn listeria	เชื้อลิสทีเรีย
17	중금속	food heavy metal	重金属	重金属	Métal lourd	Schwerme tall	metal pesado	thực phẩm kim loại nặng	โลหะหนัก
18	이물	food foreign matter	異物	异物	origne externe	Fremdkörper	sustancia extraña	vấn đề thực phẩm nước ngoài	สิ่งแปลกปลอม
19	곰팡이 독소	food toxin	カビ毒	霉菌	toxine	Toxin/ giftig	toxina	độc tố thực phẩm	สารพิษเชื้อรา
20	발암(물질)	food carcinogen	発ガン	致癌	cancérigène	Krebserre gend/ Schadstoff	cancerígeno	chất gây ung thư	สารก่อมะเร็ง
21	다이옥신	food endocrine disruptor	ダイオキシン	二噁英/戴奥辛	dioxine	Dioxin	dioxina	di-o-xin	ไดออกซิน
22	멜라민	melamine	メラミン	三聚氰胺	mélamine	Melamin	melamina	melamine	เมลามีน
23	비스페놀A	BPA	ビスフェノールA	BPA	BPA	BPA	BPA/ bisfenol A	BPA	BPA

연번	한국어	영어	일본어	중국어	프랑스어	독일어	스페인어	베트남어	태국어
24	기생충	parasite	寄生虫	寄生虫	parasite	Parasiten	parásito	ký sinh trùng	ปรสิต/พยาธิ
25	AI (조류 인플루엔자)	AI	鳥インフルエンザ	禽流感	influenza aviaire (Grippe)	Vogelgrippe, AI	gripe aviar	cúm gia cầm	โรคไข้หวัดนก
26	BSE (광우병)	BSE (mad cow)	BSE	疯牛病	encéphalopathies spongiformes transmissibles (EST)	Rinderwahnsinn / BSE	encefalopatía espongiforme bovina(EEB)/vacas locas	bệnh bò điên	โรควัวบ้า
27	식중독	food poisoning	食中毒	食物中毒	intoxication alimentaire	Lebensmittelvergiftung	intoxicación alimentaria	ngộ độc thực phẩm	อาหารเป็นพิษ
28	식품 알레르기	food allergy	アレルギー	食品过敏	allergie alimentaire	Lebensmittelallergie	alergia alimentaria	dị ứng thực phẩm	แพ้อาหาร
29	방사능	radionuclide	放射能	辐射(性)	radioactivité	Radioaktivität	radioactividad	chất phóng xạ	นิวไคลด์กัมมันตรังสี
30	농산물	agricultural products	農産物	农产品	produits agricoles produit viticole	Agrarprodukte	producto agrícola	sản phẩm nông nghiệp	ผลิตภัณฑ์ทางการเกษตร
31	축산물	livestock products	畜産物	畜产品	produits animaux, produits vétérinaires	tierische Erzeugnisse	producto ganadero / producto pecuario	sản phẩm chăn nuôi	ผลิตภัณฑ์ปศุสัตว์
32	수산물	fishery products	水産物	水产品	produit de l'aquaculture, produit de la mer	Fischerei	producto pesquero / fruto de mar	sản phẩm thủy sản	ผลิตภัณฑ์ประมง
33	건강기능식품	dietary supplements	健康食品/特定保健用食品	保健品,保健食品	complément alimentaire	Nahrungsergänzungsmitel	suplemento alimenticio / alimento funcional	thực phẩm chức năng	ผลิตภัณฑ์เสริมอาหาร
34	먹는물 (생수)	drinking water	ミネラルウォーター	純淨水	eau minérale	Trinkwasser	agua potable	nước uống	น้ำดื่ม
35	주류	alcoholic drink/ liquor	酒類	酒类	boisson alcoolisée	alkoholische Getränke	bebida alcohólica	đồ uống có cồ	เครื่องดื่มแอลกอฮอล์
36	GM (유전자변형)	genetically modified organism	遺伝子組換え	转基因 基因改造	OGM (Organismes génétiquement modifiés)	genetisch-modifiziert /GVO/ Gentechnik	OGM / transgénico	sinh vật biến đổi gen	อาหารตัดแปลง พันธุกรรม

연번	한국어	영어	일본어	중국어	프랑스어	독일어	스페인어	베트남어	태국어
37	식품 의약품 안전처	FDA	厚生労働省	国家市场监督管理总局/食品薬物管理署	Anses	BVL/ BfR	AECOSAN / COFEPRIS / ANMAT	-cục an toàn thực phẩm -cục quản lý dược	สำนักงานคณะกรรมการอาหารและยา
38	농림측산식품부	USDA	農林水産省	农业农村部/農業委員會	gouvernement agroalimentaire	BMEL	ministerio de agricultura / MAPA/SAGARPA/ MINAGRI	Bộ nông nghiệp và phát triển nông thôn	กระทรวงเกษตรและสหกรณ์
39	이력추적	food traceability	トレーサビリティー	可追溯性	traçabilité	Rückverfolgbarkeit	trazabilidad	truy xét nguồn gốc thực phẩm	การตรวจสอบย้อนกลับ
40	식품경보	food alert	警報	食品警報	alerte	Lebensmittel Warnung	alerta alimentaria	cảnh báo thực phẩm	การเตือนภัยด้านอาหาร

[별첨 6] 의료제품 온라인정보 검색어

연번	한국어	영어	일본어	중국어	프랑스어	독일어	스페인어
1	허가취소/철회	cancellation, withdrawal of the marketing authorization	許可取消	吊销许可(证), 许可证被撤销	suspension de l'autorisation, retrait de l'autorisation	Rücknahme der Zulassung(취소), Widerruf der Zulassung(철회)	suspención de autorización, autorización retirada
2	허가제한/변경	restriction on ~, changes in ~	許可変更	変更许可(证), 限制许可	modification de l'autorisation	Einschränkung der Zulassung, Änderung der Zulassung Einschränkung der Indikation (적응증 제한), Änderung der Indikation (적응증 변경)	modificación de arutorización
3	(판매)금지/퇴출	withdraw(al)	禁止	禁止销售, 退市	interdiction, retrait du marché	(Vertriebs)Verbot	venta prohibida, retirada
4	판매중단/중지(자발적 포함)	suspension of the marketing authorization for ~	販売中止	停销, 停售, 紧急叫停, 主动停售	arrêt de commercialisation	Vertriebseinstellung(판매중단), Ruhen der Zulassung, Sistierung der Zulassung (허가 정지)	suspención de comercialización
5	회수/리콜	recall	回収	下架, 回收, 召回	retrait, rappel	Rückruf (회수, 리콜), korrektive Maßnahmen (시정조치)	retirada
6	수리	repair	改修(修理)	(医疗器械)维修	maintenance, réparation	Reparatur	matenimiento, reparación
7	금기(배합, 연령, 질환 등)	contraindication	禁忌	不应使用, 禁用	contre-indication	Kontraindikation, Gegenanzeige	contraindicación
8	(블랙)박스 경고/경고	black box warning	警告	警械	mise en garde	Warnung, Warnungshinweis	advertencia de caja negra
9	부작용/이상반응/유해사례	side effect, adverse event, adverse reaction	副作用	不良反应, 副作用, 异常反应	effets secondaires(부작용), effets indésirables(유해작용), réaction indésirable(유해반응)	Nebenwirkung(부작용), Unerwünschte Reaktion(유해반응), Unerwünschte Ereignisse(유해 사례), Unerwüschte Arzneimittelwirkungen(약물유해반응)	efecto secundario(부작용)/ reacción adversa(이상반응)/ caso perjudicial(유해사례)

연번	한국어	영어	일본어	중국어	프랑스어	독일어	스페인어
10	안전성서한	dear healthcare professionals letter	安全性書簡	安全警示公告, 通知, 通报, 预警公告	communication de sécurité	Rote-Hand-Brief, Sicherheitsschreiben, Sicherheitsmitteilung, Sicherheitsinformation, Sicherheitshinweise, DHPC, HPC	comunicado de seguridad
11	안전성속보	safety alert	安全性速報	安全性信息快讯, 安全快讯	alerte		alerta de seguridad
12	권고	advice, recommendation	勧告/推奨	建议, 劝告, 告诫	recommandation	Empfehlung	recomendación
13	입원	hospitalization	入院	住院	hospitalisation	in ein Krankenhaus einweisen, Hospitalisierung, Krankenhausaufenthalt	hospitalización
14	사망	death	死亡	死亡	mort, décès	Tod, gestorben	muerto
15	임(신)부	pregnant woman	妊婦	孕妇	femme enceinte	schwanger	embarzada
16	오남용	misuse, overuse	誤用・乱用	误用滥用, 误滥用	abus, mesusage	Missbrauch	abuso
17	발암(성)/발암물질	carcinogenic, carcinogen	発がん性, 発がん物質	致癌物质	substance cancérigène	krebserregend, kanzerogen	sustancia carcinogena
18	나노(기술)/나노입자	nano technology, nano particle	ナノテクノロジー/ナノ粒子	纳米技术	nano-technologie, nanoparticules	Nanotechnologie, Nanopartikel	nanotecnología, nanoparticula
19	신종플루/신종인플루엔자	H1N1(swine) flu	新型インフル	甲型H1N1流感, 新型流感, 人类猪流感	Grippe A	Schweinegrippe	gripe A
20	프탈산/프탈레이트 (DBP 포함)	phthalic acid, phthalates, DBP	フタル酸	邻苯二甲酸酯, 邻苯二甲酸二丁酯 (DBP)	phthalate	Phthalsäure, Phthalat, Dibutylphthalat(DBP)	ftalatos
21	가짜약/위조의약품	counterfeit drug	偽薬	假药, 劣药	Médicaments contrefaits, contrefaçon	Arzneimittelfälschung, gefälschte Arzneimittel	medicamento falsificado
22	한약	herbal medicine	漢方薬	中医药, 中药, 中药材, 软片	Médicaments des herbes	pflanzliche Arzneimittel (식물제제), Arzneimittel der traditionellen chinesischen Medizin(TCM)(한약(漢藥))	medicina de hierbas
23	백신	vaccine	ワクチン	疫苗	vaccins	Impfstoff	vacuna
24	의학	medicine	医学	医学	médecine	Medizin	medicina

연번	한국어	영어	일본어	중국어	프랑스어	독일어	스페인어
25	바이오/BT	biotechnology	バイオ	生物技术	biotechnologie	Biotechnologie, Biotechnik, Biotech	biotecnologia
26	방사선	radiation	放射線	放射线	radiation	Strahlung	radiación
27	치과재료	dental material	歯科材料	牙科(齿科, 口腔)器械, 牙科(齿科, 口腔)材料	substance dentaire	Dentalmaterial	material dental
28	(체내)이식	implantation, implant (주입물)	移植、インプラント	移植	transplantation, greffe, implantation	Implantation (이식), Implantat (이식물)	trasplantación, implantación
29	필러(filler)	filler	フィラー	填充料	produits de comblement, produits de comblement de rides, remplissage des rides	Filler, Füllmaterialien	relleno
30	역학조사	epidemiological study, investigation	疫学調査	疫情调查, 疫学调查	épidémiologie	epidemiologische Untersuchung	investigación epidemiológica
31	식약처 (관련기관)	미국 FDA, 호주 TGA, 뉴질랜드 Medsafe	厚生労働省	食品药品监督管理總局	프랑스 ANSM, 캐나다 Health Canada	독일 BfArM, 독일 PEI, 스위스 Swissmedic	스페인 AEMPS
32	의약품/ 의약외품/ 의료기기/ 화장품	drug, medical device, cosmetics	医薬品, 医薬部外品, 医療機器, 化粧品	药品, 药物, 医疗器械, 医疗机械, 化妆品	Médicaments, Dispositifs médicaux, Cosmétiques	Arzneimittel, Medizinprodukte, Kosmetik	medicamento/ dispositivo medico/ cosmético
33	대한민국	Korea, Republic of Korea	韓国, 大韓民国	韩国, 大韩民国	Corée du Sud	Südkorea, Republik Korea, Korea	Corea del sur
34	진단시약	analyzing product, diagnostic reagent	診断試薬	诊断试剂	réactif diagnostique, réactif de diagnostic	diagnostische Reagenz, in-vitro-diagnostische Reagenz(체외 진단 시약)	reactivo para diagnóstico
35	전자담배	e-cigarette/ vaping product	電子たばこ, 加熱式タバコ, ベイプ	电子烟	cigarette électronique	elektronische Zigarette, E-Zigarette / Verdampferprodukt	cigarrillos electrónicos
36	의약품 불순물	Drug impurity	医薬品不純物	药品杂质	Impuretés pharmaceutiques	Pharmazeutische verunreinigung	Impurezas farmacéuticas
37	니트로사민	Nitrosamin	ニトロソアミン	亚硝胺	Nitrosamine	Nitrosamin	Nitrosamina

[별첨 7-1] 위생용품(일회용 컵·숟가락·젓가락·빨대, 세척제, 헹굼보조제 등) 온라인정보 검색어

연번	한국어	영어	일본어	중국어	프랑스어	독일어	스페인어	베트남어	태국어
1	세척제	sanitizer	洗浄剤	餐具洗涤剂/食品用洗潔劑	produit de lavage	Spülmittel	Detergente/ Jabónparaplatos	chất khử trùng/chất tẩy rửa	สารฆ่าเชื้อ
2	헹굼보조제	rinse aid	食器洗浄機 洗剤 食器洗浄機用リンス剤	催干剂 冲洗助劑	produit de rinçage	Klarspüler	Detergente para lavavajillas	chất hỗ trợ tẩy rửa	รินส์ เอด
3	일회용 컵	disposable cup	使い捨てコップ	一次性杯子/ 免洗杯子	gobelet jetable	Einweg Becher	Vaso desechable	cốc dùng một lần	แก้วใช้แล้วทิ้ง/ แก้วกระดาษ/แก้วพลาสติก
4	일회용 숟가락	disposable spoon	使い捨てスプーン	一次性勺子/ 免洗勺子	cuillère jetable	Einweg Besteck Einweg Löffel	Cuchara desechable	thìa dùng một lần	ช้อนพลาสติก
5	일회용 젓가락	disposable chopstick	使い捨て割り箸 割り箸	一次性筷子 / 一次性竹筷/免洗筷子	baguettes jetables	Einweg Stäbchen	Palillo desechable	đũa dùng một lần	ตะเกียบใช้แล้วทิ้ง
6	일회용 포크	disposable fork	使い捨てフォーク	一次性叉子/免洗叉子	fourchette jetable	Einweg Gabel	Tenedor desechable	nĩa dùng một lần	ช้อนพลาสติก
7	일회용 나이프	disposable knife	使い捨てナイフ	一次性餐刀/免洗餐刀	couteau jetable	Einweg Messer	Cuchillo desechable	dao dùng một lần	มีดใช้แล้วทิ้ง/ มีดพลาสติก
10	일회용 빨대	disposable straw	ストロー	吸管	paille jetable	Einweg Stroh	Pajita/ Popote/ Pitillo/ Bombilla/ Cañita desechable	ống hút dùng một lần	หลอด
11	일회용 종이냅킨	disposable paper napkin	紙ナプキン	餐巾纸	serviettes de papier	Papier Servietten	Servilleta	khăn giấy dùng một lần	กระดาษ เช็ดปาก
12	식품접객업소용 물티슈	restaurant wet tissue/wet wipe/, wet hand wipe	ウエットティッシュ	湿巾 / 餐饮湿巾	lingettes jetables	Feuchttücher	Paño húmedo/ Toalla humeda/ Servilleta húmeda	khăn ướt nhà hàng/khăn lau ướt nhà hàng/khăn tay ướt nhà hàng	ทิชชู่เปียก /ผ้าเย็น
13	일회용 이쑤시개	disposable toothpick	つまようじ	牙签/牙籤	cure-dent	Zahnstocher	Palillo dental/ Escarbadiente	tăm dùng một lần	ไม้จิ้มฟัน

연번	한국어	영어	일본어	중국어	프랑스어	독일어	스페인어	베트남어	태국어
14	위생물수건	wet hand towel	おしぼり	餐饮毛巾 / 毛巾卷	serviette humide	Hygiene Feuchttücher	Paño húmedo/ Toalla humeda	khăn ướt	ผ้าเปียกเช็ดมือ/ทิชชูเปียก
	일회용 행주	dishcloth or dish towel	使い捨て布巾	一次性抹布/免洗抹布	lavette jetable	Einweg Lappe	Trapo desechable	khăn lau chén bát dùng một lần	ผ้าเช็ดจานใช้แล้วทิ้ง
	일회용 타월	disposable towel	使い捨てタオル	一次性毛巾/免洗毛巾 厨房纸巾/厨房紙巾	serviette jetable	Küchentücher Einwegtuch	Toallas para secar los platos Papel absorbente/ Papel toalla	khăn dùng một lần	ผ้าเช็ดตัวใช้แล้วทิ้ง

[별첨 7-2] 위생용품(화장지, 일회용 면봉, 일회용 기저귀, 일회용 팬티라이너) 온라인정보 검색어

연번	한국어	영어	일본어	중국어	프랑스어	독일어	스페인어
1	화장지	toilet tissue toiletpaper facialtissue	トイレットペーパー|落し紙|ちり紙|ティッシュ|化粧紙	卫生纸/ 面巾纸	papier-toilette papierhygiénique	Toilettenpapier	papel higiénico, papel de baño, papel sanitario
2	일회용 면봉	cotton swab cottonbud	綿棒	棉签/棉籤(棉花棒)	coton-tige	Wattestäbchen	bastoncillo desechable, cotonito
3	일회용 기저귀	diaper	おむつ|むつき|おしめ	尿布	couche (de bébé)	Windel	pañales desechables
4	일회용 팬티라이너	Pantyliner/ vaginal cover	使い捨てライナー、使い捨てパンティライナー、使い捨て下り物シート	卫生巾/卫生护垫/细薄卫生棉	protège-slip	Slipeinlage	toalla sanitaria, toalla femenina, toalla higiénica
5	위생	hygiene/ sanitary	衛生	食品卫生	sanitaire	Lebensmittel-hygiene	higiene, sanidad
6	검사/조사	inspection /investigation	検査	检查/调查	evaluer/evaluation/ surveillance/ évaluationdesrisques	Untersuchung/Studie/ Überwachung	investigación, examen
7	검출	detect/ found	検出	检出/查获	détecter	detektiert/ gefunden/ entdeckt/ nachgewiesen	detección, identificación
8	회수	recall/ withdrawl	回収	下架/回收/召回	rappel	(Lebensmittel) Rückruf	retirada, retiro
9	발생	outbreak	発生	发生	déclenchement/ irruption/ attaque	Ausbruch/ ausgebrochen	brote
10	금지	ban/ prohibit/ suspend	禁止	禁止	interdit/ malveillance(위반)	verboten/ Beschlagnahme	prohibición
11	오염(물질)	contaminant	汚染	污染	contamination	Kontamination/ verunreinigt	contaminante
12	중금속	heavy metal	重金属	重金属	Métal lourd	Schwermetall	metal pesado
13	발암(물질)	carcinogen	発ガン	致癌	cancérigène	Krebserregend/ Schadstoff	carcinógeno, cancerígeno
14	유해 화학물질	Hazardrous Chemical/ High risk Chemical	有害化学物質	危险化学品	produits chimiques dangereux	gefährliche Chemikalien	sustancias químicas dañinas
15	다환 방향족탄화수소	PAH (Polycyclic Aromatic hydrocarbon)	多核芳香族炭化水素 (PAH, polynuclear aromatic hydrocarbons)	多环芳香族碳氢化合物	HAP(hydrocarbures aromatiques polycycliques)	polyzyklische aromatische Kohlenwasserstoffe (PAK)	hidrocarburo aromático policíclico (HAP)
16	다이옥신	Dioxin	ダイオキシン	二噁英/二氧芑	dioxine	Dioxin	dioxina
17	퓨란	furan	フラン	呋喃	furane	Furan	furano
18	폴리염화 바이페닐	PCB (Polychlorinated biphenyl)	ポリ塩化ビフェニル(PCB, Poly Chlorinated Biphenyl)	多氯联苯	PCB(polychlorobiphényle)	Polychlorierte Biphenyl	bifenilos policlorados
19	포름알데하이드	Formaldehyde	ホルムアルデヒド	甲醛	formaldéhyde	Formaldehyd	formaldehído
20	휘발성 유기화합물	VOC (Volitile Organic Compound)	揮発性有機化合物 (VOC)	挥发性有机物	COV(Composé organique volatil)	flüchtige organische Verbindungen	compuestos orgánicos volátiles
21	내분비계 장애물질	Endocrine Disruptors	内分泌攪乱物質	内分泌干扰物	Perturbateur endocrinien	endokrine Disruptoren	químicos interruptores endocrinos, químicos disruptores endocrinos

[별첨 8] 식품·위생용품·의료제품 정보분석 체크리스트

○ 식품 관련 정보

구분	점검사항	비고
신뢰성	정보를 발표한 정부기관 명칭은?	
	언론 보도인 경우 믿을 수 있는 정보인가?	
심각성	사망/입원/식중독 등 피해상황은?	
	밝혀진 원인 물질의 인체 독성 영향은?	
	인위적으로 첨가, 제조와 관련된 사항인가?	
	취약계층(어린이, 노약자, 임산부 등)과 관련 제품인가?	
	해당 국가나 제조회사의 조치사항은?	
노출정도	제품이 광범위하게 유통 가능한 제품인가? · 광범위 유통제품의 경우 포장상태, 유통기한(제조일자)은? 우리나라에 제조·수입·유통 중인 제품인가? · 제조회사명, 주소, 제품명 등 정보가 명확한가? · 최근 2년간 유통실적은? · 유통실적이 관련과 및 제조·수입회사에 확인결과와 일치하는가? · 해당제품이 유통되지는 않았으나, 해당제품을 원료로 사용한 제품이 유통될 가능성이 있는가? · 해당제품 및 이를 원료로 사용한 제품도 유통되지는 않았지만, 수입·제조금지 등 별도의 조치를 필요로 하는가? ※ 제조회사명, 주소, 제품명 등 정보가 명확하지 않은 경우 추가 정보 수집 대상으로 분류	
관리여부	우리나라의 기준규격, 시험법 등 관리방법이 있는가? · 우리나라 수입·제조 시 정밀검사를 통하여 관리하고 있는가? · 기준규격 등이 없을 경우 Codex 등 외국의 관리기준은?	
기타사항	· 안전관리를 뒷받침할 과학적 연구결과는 충분한가? · 과거에 유사한 사례에 대한 조치경험이 있는가? · 다른 기관에 협조를 구하거나 알려야 할 사항인가?	

○ 의료제품 관련 정보

구분	점검사항	비고
신뢰성	정보를 발표한 정부기관 명칭은?	
	언론 보도인 경우 믿을 수 있는 정보인가?	
심각성	해당 국가 정부기관이나 제조업체의 조치사항은? - 허가취소, 판매 또는 사용중단, 회수/폐기, 주의사항 당부(안전성 서한) 등	
	취약계층(어린이, 노약자, 임산부 등) 또는 인체에 미치는 위험이 높은 제형(예: 주사제, 이식제, 흡입제 등)과 관련 제품인가?	
유통여부	• 국내 품목허가(인증·신고)가 있는 제품인가?(의약품·의료기기·의약외품, 기능성화장품에 한함) ※ 관련 부서에서 허가사항 및 생산·수입실적을 확인할 수 있도록 가능한 경우 제품명, 제형, 제조판매자명, 제조소(소재지), 제조번호 등 품목 관련 수집정보 제공 • 회수/수리 범위가 특정 제조번호 제품인 경우 해당 제조번호 제품이 수입되었는가? ※ 관련 부서에서 생산·수입실적을 확인할 수 있도록 가능한 경우 제조소명, 제조소 소재지, 제품명, 제형 등 정보가 명확하지 않은 경우 추가 정보수집 대상으로 분류(추가 정보수집이 가능한 경우)	
관리여부	부작용의 경우 국내 허가사항에 반영된 부작용 정보인가? • 허가사항에 반영되지 않은 새로운 부작용인 경우 치명적인 부작용 등으로 긴급하게 전파할 필요가 있는 정보인가? • 허가사항에 반영되지 않은 경우 허가사항의 변경만으로 피해예방이 가능한 정보인가? 국내 허가사항에 반영여부와 관계 없이 소비자 및 의료전문가에게 신속하게 알려야할 부작용인가? 회수/수리 사유가 우리나라의 기준으로도 적용될 사항인가? • 국내 허가 또는 기준 규격에 위반되는가? ※ 기준규격이 정해지지 않았거나 일치하지 않는 경우 외국 기준 등 추가 정보수집 대상으로 분류 • 국내 허가 또는 기준 규격에 위반되지 않는 경우라도 국민 보건 위해 예방을 위하여 조치가 필요한 사항인가?	
기타사항	• 과거에 유사한 사례에 대한 조치경험이 있는가? • 다른 기관에 협조를 구하거나 알려야 할 사항인가? • 안전관리를 뒷받침할 과학적 연구결과는 충분한가?	

[별첨 9] 식품·위생용품·의료제품 위해정보의 유형별 분류

○ 식품분야

대분류	소분류	내 용
식품안전관리 및 정책01	기준·규격01	식품전체에 해당되는 기준·규격(건강기능식품 기준규격 제외)
	식품정책02	식품위생법 및 제도, 식품안전 관련 정책
	위생03	HACCP 등 위생과 관련된 문제
	Traceability04	생산이력시스템과 관련된 정보
	식품안전관리체계05	식품안전과 관련한 정부 및 국제기관 등의 조직, 예산 등
	식품표시06	식품표시 관련된 정보
	법률위반 및 감시07	식품위생법 등 법률 위반사례, 위반감시 단속 계획
	회수08	식품의 회수 및 경고
식품관련 질병02	건강01	식품 또는 식품의 원료 및 성분이 암 등 기타질병과 관련성이 있는 경우
	식중독02	식중독관련 사고, 식중독 예방 및 관리
	Animal health03	광우병, 구제역 등 동물성 질병 발생·이와 관련된 통상 문제
	Plant health04	귤과 실파리 발생 등 농작물 병해충·이와 관련된 통상 문제
위해물질03	오염물질01	식품에서 중금속, 발암물질 등 검출, 오염물질과 관련된 안전성 연구
	방사선02	방사선조사와 관련된 기준·규격, 식품중 방사능물질 검출 등
	잔류농약03	농약과 관련된 기준·규격, 식품중 잔류농약 검출 등
	잔류수의약품04	수의약품과 관련된 기준·규격, 식품중 잔류수의약품에 관한 연구 등
식품첨가물 및 건강관련 식품04	첨가물01	식품첨가물과 관련된 기준·규격, 식품첨가물의 위반사례 등
	건강기능식품02	건강기능식품과 관련된 피해사례 및 기준·규격
	Organic food03	유기식품의 기준·규격, 유기식품과 관련된 통상문제
	식품기기 및 포장04	식품 기기 및 포장의 안전성 관련문제
국제통상 및 기타05	Food bioterror01	식품테러와 관련된 정보
	통상02	관계법, 보조금 등 국가간의 협약주제어 이외에 해당되는 통상문제
	기타03	기타
신소재식품06	GMO01	유전자 재조합 식품의 기준규격, 유전자재조합과 관련된 안전성 연구 등
	나노기술응용식품02	나노기술응용식품의 기준규격, 나노기술응용식품 관련 정보 등
	복제동물유래식품03	복제동물유래식품과 관련된 정보
	기타04	그 외 신소재식품 정보
기타07	기타01	상기 외 식품 등 위해정보

○ 의료제품 분야

대분류	소분류	내용
제도 및 정책01	기준규격01	의약품등 기준·규격
	인허가 정책02	의약품등 인·허가 관련 제도 및 정책 등
	사후관리 정책03	의약품등 사후안전관리 관련 제도 및 정책 등
	기타09	그 외 의약품등 정책
안전성정보02	판매중단01	부작용 등 안전성정보에 따른 판매중단(허가취소, 취하포함)
	허가사항 변경지시02	안전성정보에 따른 의약품등 허가사항(라벨) 변경
	안전성 서한03	의약품등 사용관련 안전성서한, 속보, 현장주의
	기타09	그 외 의약품등 안전성정보
회수/수리03	회수01	의약품등 품질·표시 부적합 등에 따른 회수폐기, 리콜 등
	수리02	품질 또는 안전성 정보에 따른 의료기기 수리
	기타09	그 외 회수폐기 관련 정보
감시04	감시추진01	부정·불량 의약품등, 표시·광고 위반, 등 감시에 관한 정보
	행정처분02	감시결과 행정처분, 고발 등에 관한 정보
	기타09	그 외 감시 관련 정보
허가승인05	허가승인01	품목허가승인 관련 정보
	허가변경03	최초 허가승인 이후 효능효과, 용법용량 등 변경 관련정보
	기타09	그 외 허가, 승인관련 정보
기타09	기타09	상기 외 감염병 등 의약품등 위해 정보

[별첨 10] 식품 분야별 위해정보 판단흐름도

□ 상황별 식품 위해정보
  ○ 식품 제품 회수

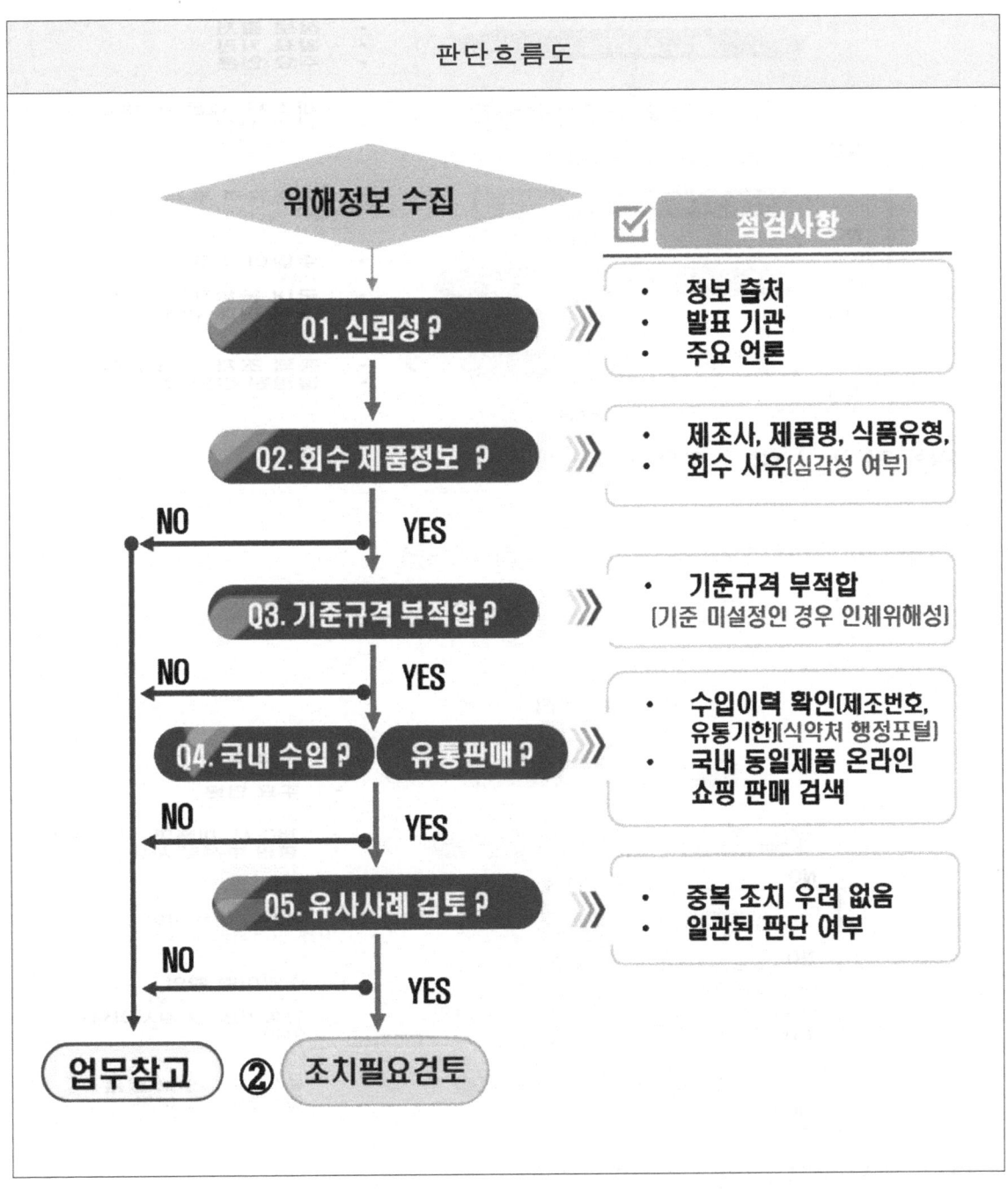

○ 식품용 기구·용기·포장 회수

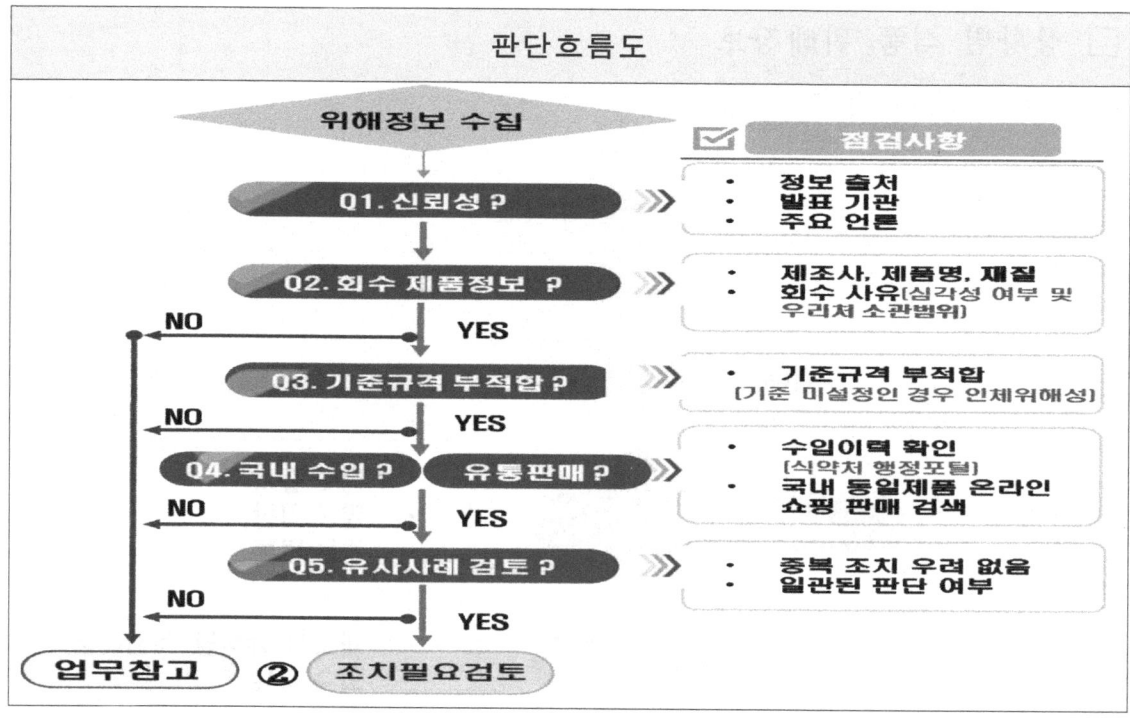

○ 식품 등 통관단계 부적합(반송·폐기 등)

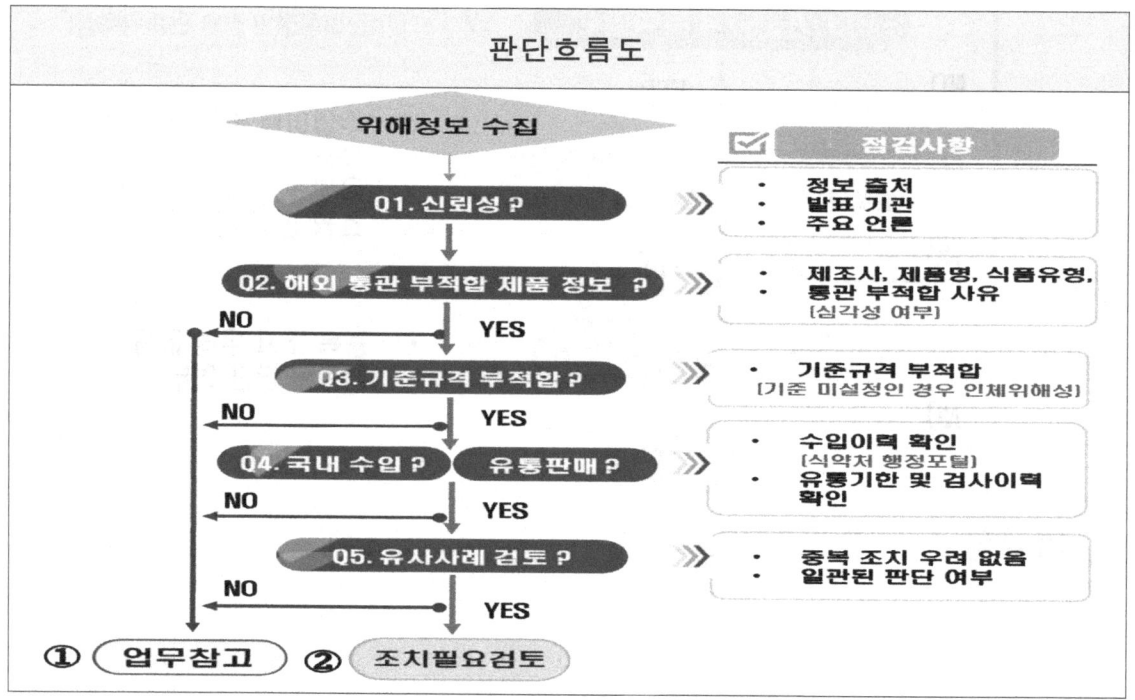

○ 식품 등 안전 이슈(정책, 연구·평가 결과, 사건·사고 등)

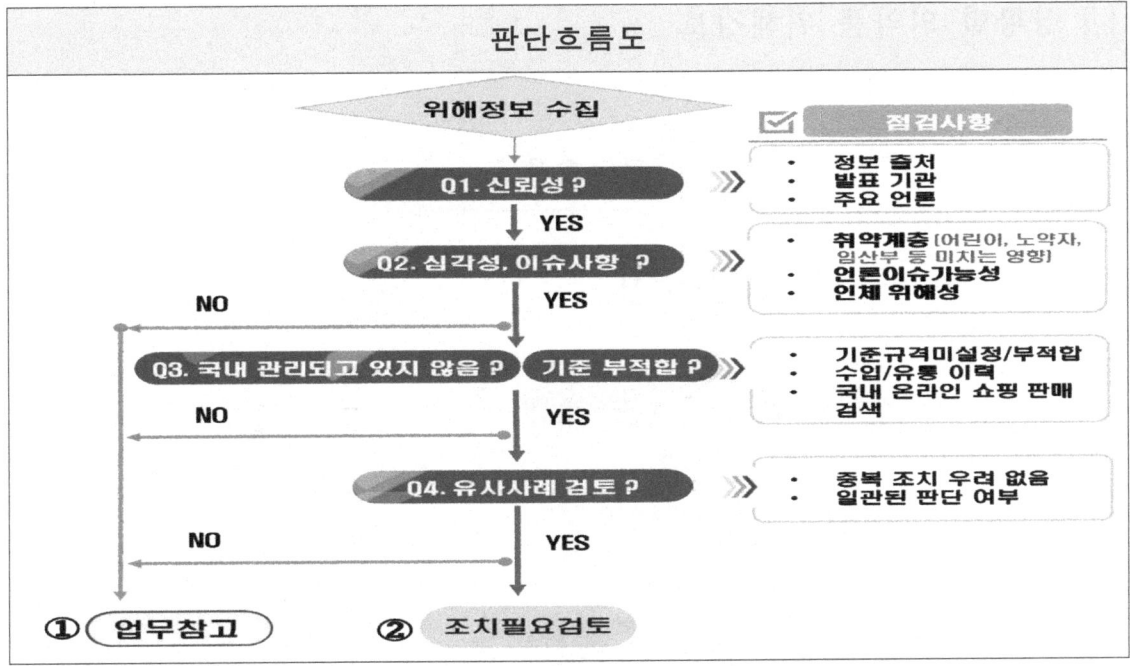

○ 유럽 식품·사료 신속경보시스템(RASFF*) 정보

* Rapid Alert System for Food and Feed

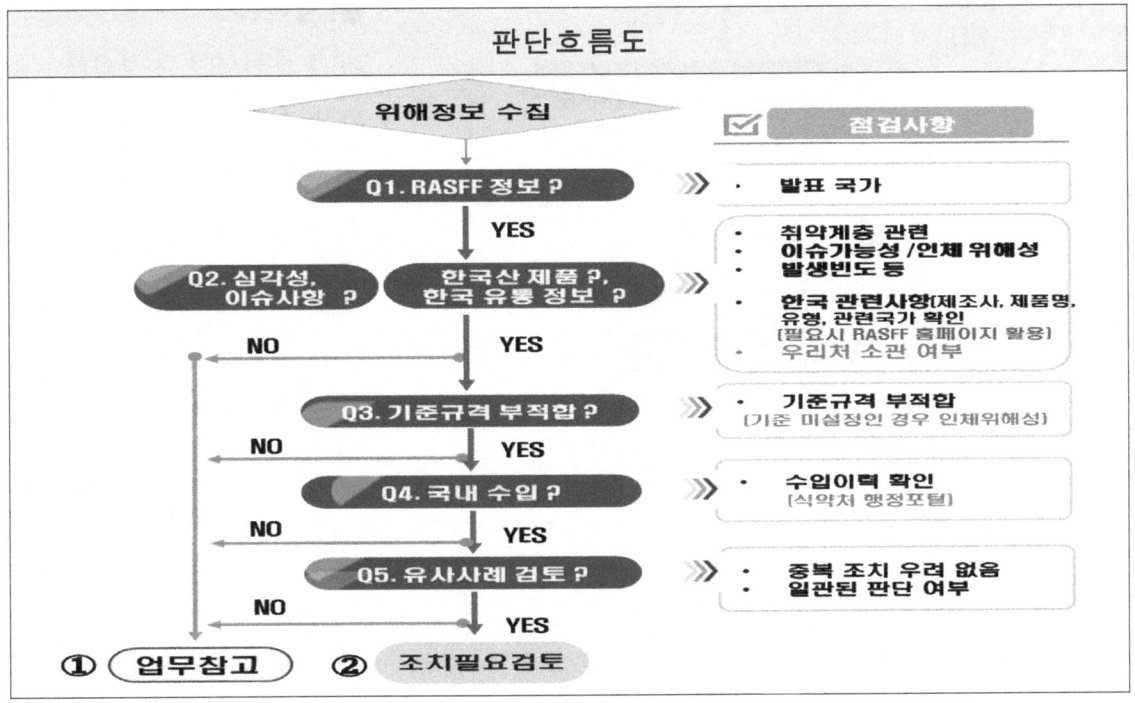

[별첨 11] 의약품·의료기기 분야별 위해정보 판단흐름도

□ 상황별 의약품 위해정보
　○ 의약품 허가사항

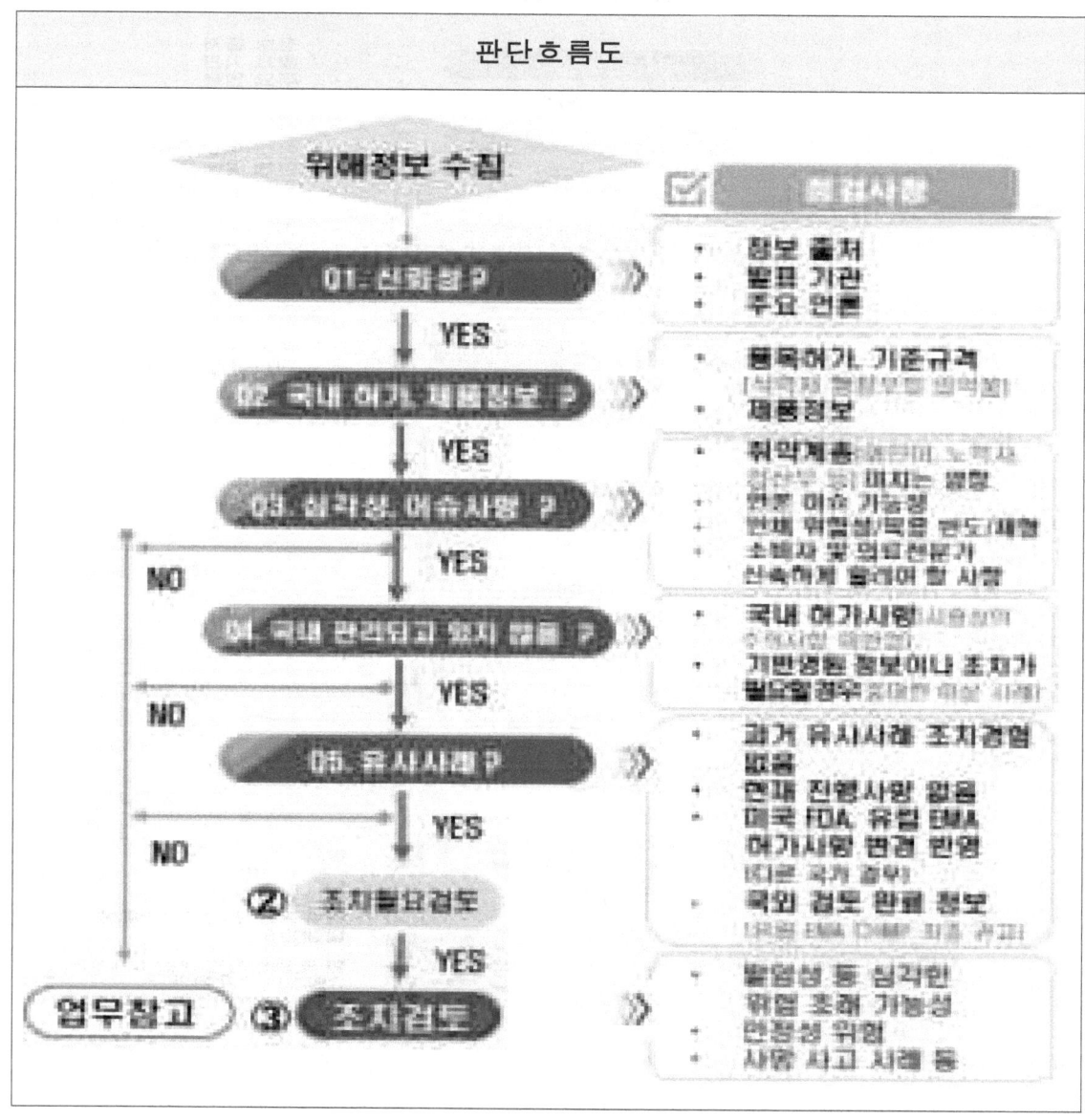

○ 신규 마약류 지정

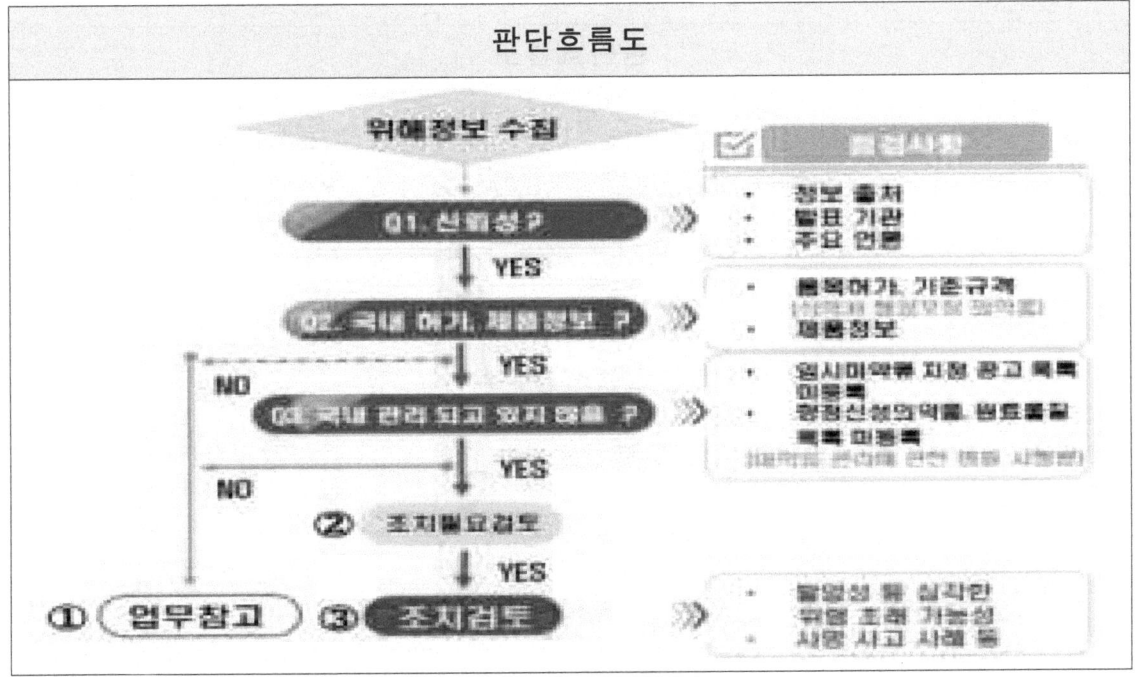

○ 의약품 회수 및 압류

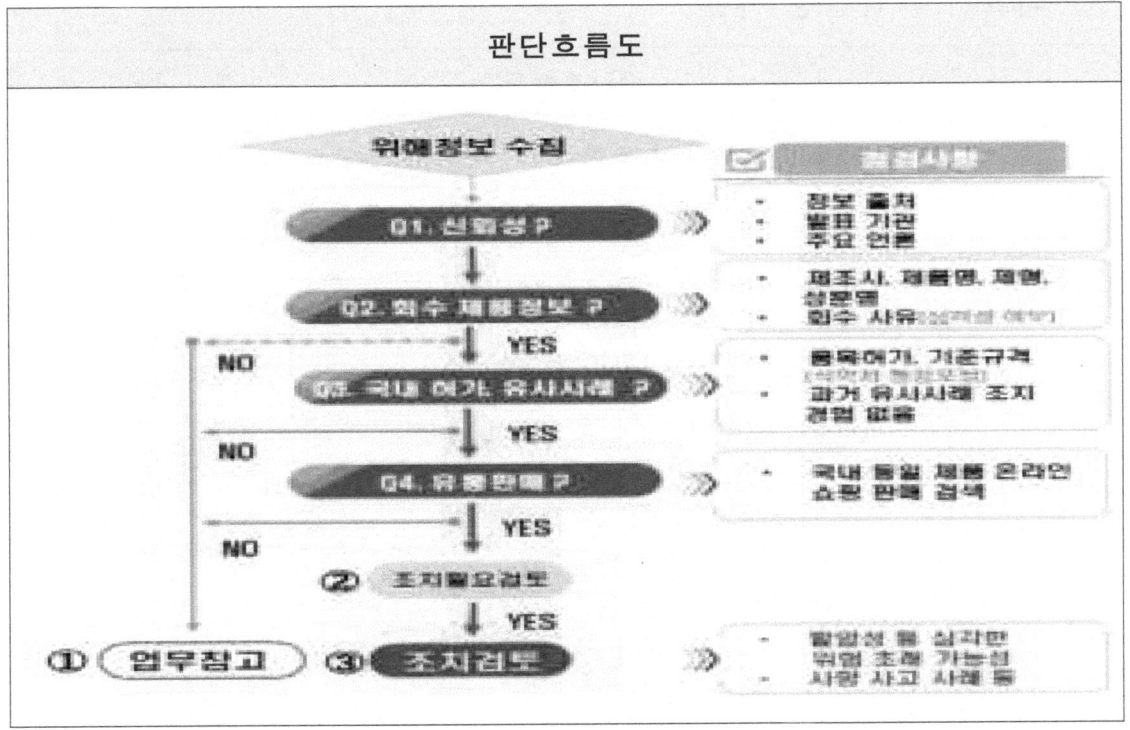

○ 의약품 안전성 서한

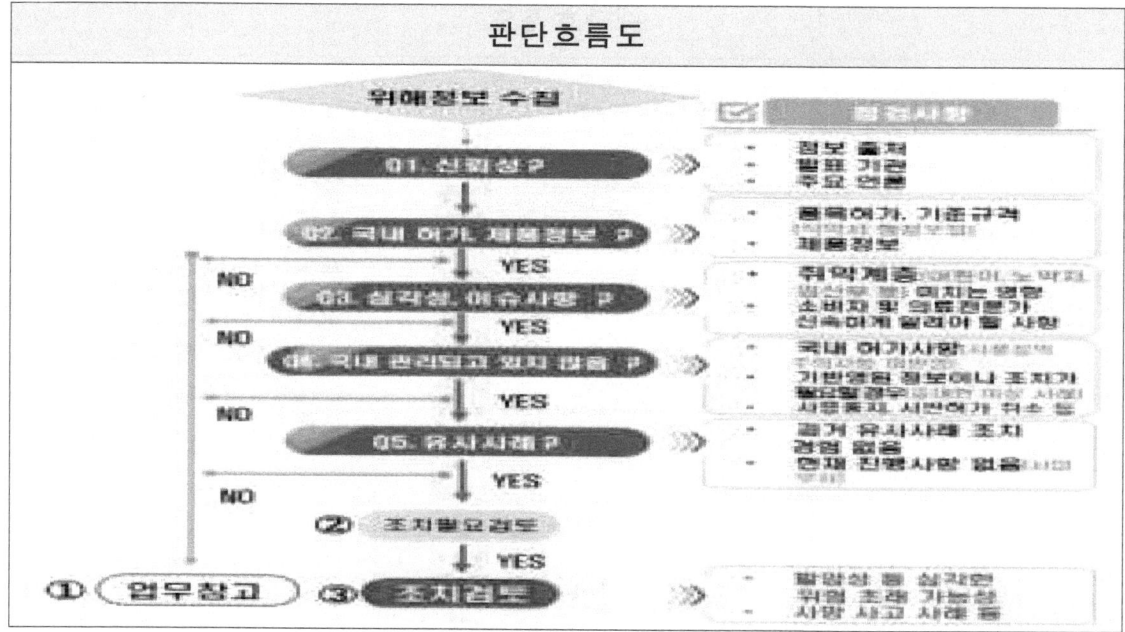

□ 상황별 의료기기 위해정보
○ 의료기기 안전성 서한

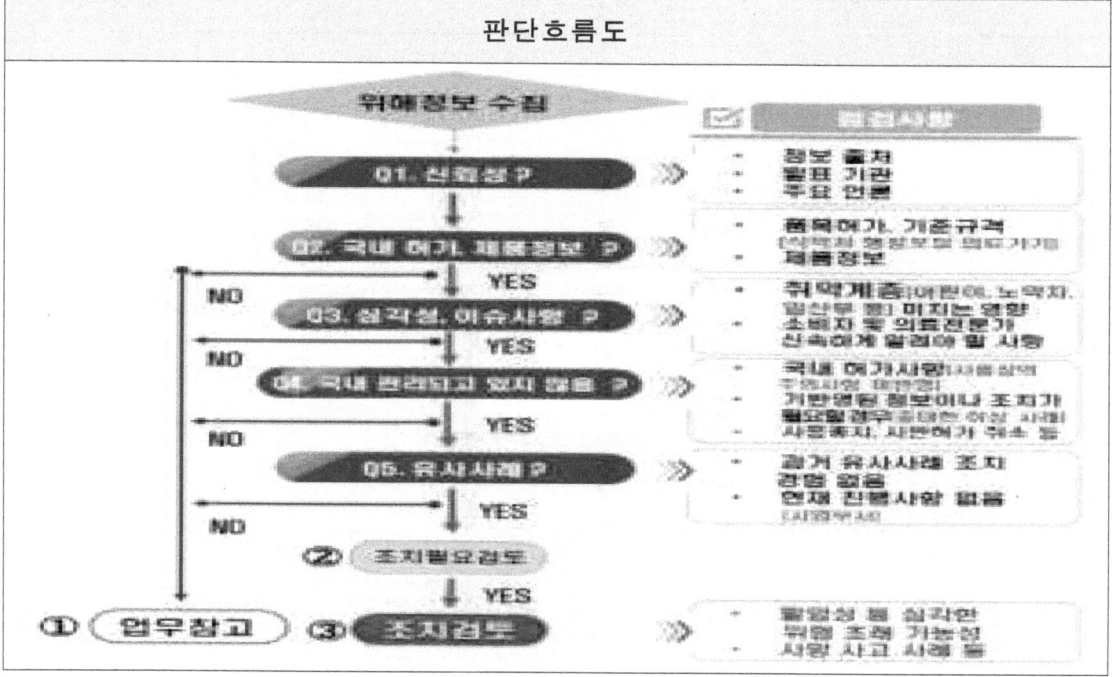

○ 의료기기 회수 및 수리

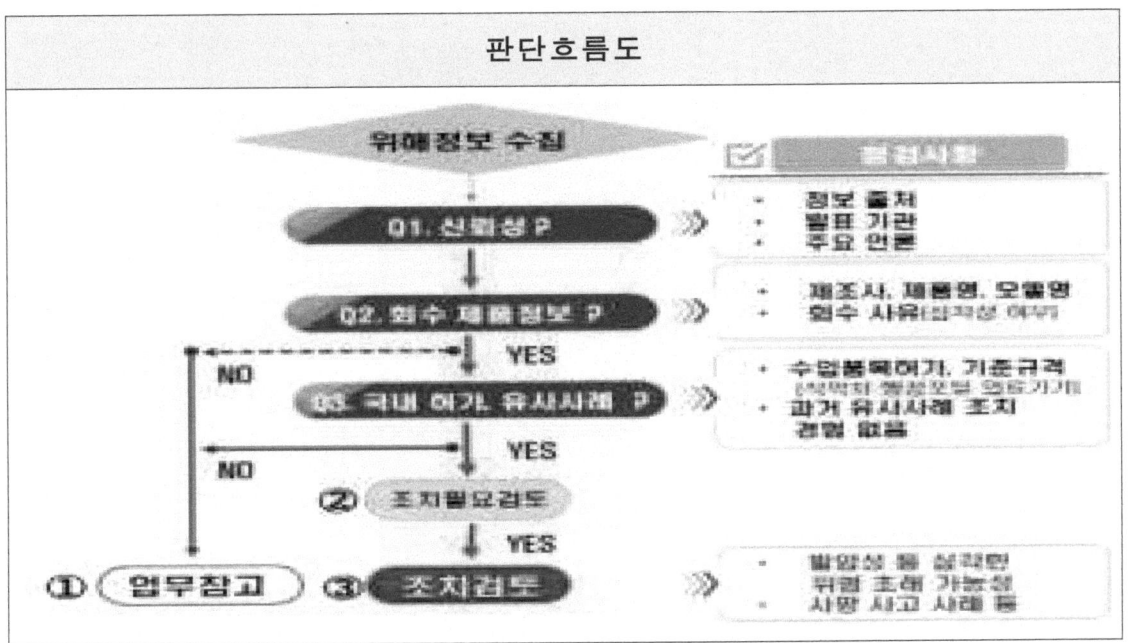

(개정판)

식품・의료제품 등 위해정보 관리 매뉴얼

초판 인쇄 2024년 05월 16일
초판 발행 2024년 05월 20일

저　자 식품의약품안전처
발행인 김갑용

발행처 진한엠앤비
주소 서울시 서대문구 독립문로 14길 66 205호(냉천동 260)
전화 02) 364 - 8491(대) / 팩스 02) 319 - 3537
홈페이지주소 http://www.jinhanbook.co.kr
등록번호 제25100-2016-000019호 (등록일자 : 1993년 05월 25일)
ⓒ2024 jinhan M&B INC, Printed in Korea

ISBN 979-11-290-5521-7 (93570)　　　[정가 10,000원]

☞ 이 책에 담긴 내용의 무단 전재 및 복제 행위를 금합니다.
☞ 잘못 만들어진 책자는 구입처에서 교환해 드립니다.
☞ 본 도서는 [공공데이터 제공 및 이용 활성화에 관한 법률]을 근거로 출판되었습니다.